人人都要有 逻辑思维

LOGICAL THINKING

谭守纪◎编著

中国華僑出版社

图书在版编目（CIP）数据

人人都要有逻辑思维 / 谭守纪编著. —北京：中国华侨出版社，2016. 5 （2021.4重印）

ISBN 978-7-5113-6065-6

Ⅰ. ①人… Ⅱ. ①谭… Ⅲ. ①逻辑思维—通俗读物

Ⅳ. ①B804. 1-49

中国版本图书馆 CIP 数据核字（2016）第 113107 号

人人都要有逻辑思维

编　　著／谭守纪
策划编辑／邓学之
责任编辑／叶　子
责任校对／孙　丽
封面设计／胡椒设计
经　　销／新华书店
开　　本／710 毫米 × 1000 毫米　1/16　**印张**／16　**字数**／200 千字
印　　刷／三河市嵩川印刷有限公司
版　　次／2016年7月第1版　2021年4月第2次印刷
书　　号／ISBN 978-7-5113-6065-6
定　　价／45.00 元

中国华侨出版社　北京市朝阳区静安里 26 号通成达大厦 3 层　邮编：100028
法律顾问：陈鹰律师事务所
编辑部：（010）64443056　64443979
发行部：（010）64443051　传真：（010）64439708
网　址：www. oveaschin. com
E - mail：oveaschin@ sina. com

前言

现实生活中，多数人的逻辑思维是混乱的、错误的，因此，当遇到任何问题时，都可能因为逻辑的缺失而宣告失败，从此变得碌碌无为、终此一生。在本书中，我将与大家共同认识逻辑思维的重要性与必然性，为成就辉煌人生的目标而共同努力。

有人认为，逻辑思维能力就是智商，也就是IQ问题，其实不然，但IQ高低确实决定了逻辑思维能力的强弱，但我在此要说的逻辑思维是一个广义的概念，它包括生活常识、文化常识、人际常识，等等。如果一个人的智商很高，但缺乏起码的思维常识，也不能说他的思维能力很强，至少在与人沟通时会产生很多问题，鸡同鸭讲、不知所云。要想提高逻辑思维能力，首先要学会思考的框架，也就是一种思考模式，运用这种模式沟通或行动，才能提高处理事务的有效性。

为什么说成功者是精英？首先在于他们的思维能力，而不是他们的经验。只有经过严格的逻辑思维训练才能成为一名合格的成功者。所以，从完善逻辑思维能力出发，令很多人成为强者，这与他们接受严格的思维训练是分不开的。

一个人做工作，首先要想明白，然后是做明白，最后是说明白，只有做到这三个明白，才能说把事情干成了。那么要干成事情，首先就是要想明白，思考事件的原因和目的、主要服务对象和当事人、时间地点、流程和方法，即“5W1H”。做某事的原因和目的是非常重要的，为什么要做这件事或承担某个任务，是因为要改正某个错误或者抓住某个机会，这件事是至关重要的抑或是鸡毛蒜皮的小事儿，这些问题决定你做事的方式和优先次序，如果没想明白，就做一些不该做的事或者费了半天劲是得不到好结果的；想明白你的老板是谁，还有这件事涉及的关键人物也是很重要的，这件事是老板交代的或是客户委托的，要做成这件事情，关键任务是谁，决定权在谁手里，谁可以拍板而谁可以间接促成，如果这些问题想明白了，事情就会事半功倍；时间和地点的选择也是很重要的，所谓天时、地利，如果在正确的时间、正确的地点做事，则成功机会就会倍增，否则只能是碰壁遇挫；流程和方法也是很重要的，做成事情的具体步骤是什么，哪个先哪个后，每一步骤还可以细分成几个小步骤，这样的标准化流程是我们取得卓越成就的法宝。

如果这些没弄明白，就开始动手做事，可能刚开始很快，但做到最后就会出现很多问题和纰漏，甚至本末倒置、适得其反。当然实际执行过程中不可能完全按照计划，也存在诸多变数，但事先想明白是必不可少的第一步。

通过调整自己的逻辑思维方式来寻求解决问题的办法。逻辑思维是一种有效的思维方式，要想解决一个问题或者拟写一个方案，可以运用逻辑思维技巧，逻辑思维是考验一个人基本工作能力的必备要求，如果不具备合格的逻辑思维能力，就会导致主次不分、条理不清、前后矛盾、重复阐述、概念混乱、逻辑跳跃等多种问题，导致他人费解莫名、不知所云。

逻辑思维乃是工作生活成功顺利的关键要素，请大家务必慎之勉之勤之习之，每个人必须在拥有完善的逻辑思维前提下，施展所有的才华，以赢得你人生的胜利。

目录
Contents

第三章　认识逻辑思维，世界会变得更精彩

第四章　识破逻辑陷阱，跨越挫折障碍

第五章　打破陈规，你也能做逻辑达人

第六章　善用逻辑思维能提高你的执行力

第九章　逻辑周全才能让决策英明果断

第十章　每天都要学点逻辑思维

第一章
你“平庸”的病根是逻辑思维差

在生活中，我们看到很多人，智商不低，反应能力和学习能力也不差，但办起事来却往往给人一种“平庸”的感觉，这是因为他们的逻辑思维差，做事没计划、没条理，考虑不全面，不会做预判和决断。由此可见，我们之所以平庸，很多时候并不是因为笨，也不是因为不努力，而是因为我们逻辑思维太差。

1. 勤勤恳恳蝼蚁命，没逻辑是病根

没有人生来愿意平庸过一世，没有人愿意在自己的墓碑上给自己贴上碌碌无为的标签。谁都想塑造最佳的自己，都愿意顺心如意，愿意飞黄腾达，不求扬名立万，也要有所作为，自己对得起自己。但是很多人勤勤恳恳却依然平庸，究其原因，很大一部分原因是在意志、行动、思维方式、处世态度等方面欠缺逻辑性，没有按照逻辑思维的方式认真要求自己，所以导致很多事情功亏一篑或不了了之，成功更是变成了天方夜谭。

逻辑思维并不是什么金钥匙，但是没有逻辑思维的人别说是金钥匙，就是一把撬门棍也找不到。欠缺逻辑思维，虽然勤勤恳恳，却依然挣扎在“平庸线”上，比上不足，比下又不甘心。有的人想做大事，却漫无目标，得过且过，因为欠缺逻辑思维缺乏强而有力的执行能力；有的人志大才疏，往往激情澎湃却处处遭遇“滑铁卢”，欠缺逻辑思维而没有应对各种突发情况导致功败垂成；有的人因为目光短浅，获得一点小成就就得意忘形，看不透这个世界发展的趋势而渐渐被这个世界所抛弃。这是因为没有用发展的眼光看问题，缺乏辩证思维，固守自己的一方天地却失去了更为广阔的自由发展空间；有的人

能力非凡，但是因为不善言谈，往往因为一张嘴坏了大事，遗憾终身。没有逻辑思维，在交际方面就显得语无伦次，说出的话没有分量，甚至还会处处得罪人，处处给自己下绊子。这样的人肯定会有很多局限性而无法超越自我，难有大的突破和进展。而这些缺点和局限就是限制自己取得成就的重要原因，也是没有逻辑思维的严重后果。

事实上，并不是所有的平庸都可耻。可耻的是甘于平庸。有时候平庸不是自己的错，或者是出身，或者是后天成长环境，或者是天灾人祸，凡此种种，皆非人力所为，所以不必为此而耿耿于怀。但是，如若甘心于此，不思进取得过且过，那么就是一种不可饶恕的罪过了——生命只有一次，人活一世不求苟且，但求无愧，甘于平庸就是在浪费生命，就是一种不可饶恕的犯罪了！因此，认真学习逻辑思维，借助逻辑思维为自己提升能力，这应该是通往成功之门的一个有效且快速、长久的方法。

据相关科学研究表明，我们每个人都有 140 亿个脑细胞，一个人只利用了心智能源的极小部分，若与人的潜力相比，我们只是半醒状态，还有许多未开发出来的潜力等待我们去发掘并利用它们创造奇迹。著名的物理学家爱因斯坦的大脑比普通人的脑细胞开发得要多。我们普通人的大脑只用了大脑容量的 10%，而爱因斯坦却用了 13%，按这样算爱因斯坦的大脑开发程度比普通人要多大脑容量的 3%，不过是区区的 3%，却帮助这位科学界巨人发现了量子力学，进而原子弹、氢弹、航空航天、飞上月球，我们人类整个生活面貌都被改变了。由此可见，多开发那一点潜力和脑细胞，我们每一个人都可以成为改变这个世界的大人物，到时候你还会讨厌自己的平庸吗？

美国诗人惠特曼有句诗说：

“我，我要比我想象的更大、更美。在我的体内我竟不知道包含这么多美丽，这么多动人之处……”

人是万物的灵长、是宇宙的精华，我们每个人都具有光扬生命的本能。为“生命本能”效力的就是人体内的创造机能，它能创造人间的奇迹，也能创造一个更好的你。那么如何开发你自己的潜能，如何开发自己的大脑，如何成为一个有作为的人呢？这一切都要从哪里开始呢？

琼斯是一个普通的农民，工作努力，干活勤快，在美国得克萨斯州经营一个小农场。这种平静的生活很快就被来自华尔街的金融风暴打断，他们的收入锐减，不管怎么努力，但他好像不能使他的农场生产出比他的家庭所需要的多得多的产品。困顿而平庸的生活年复一年地过着，突然琼斯患了全身麻痹症，卧床不起，而他已是晚年，几乎失去了自理能力。他当时绝望极了，从一个不甘平庸的人沦落到生活不能自理的“废物”的痛苦不是所有人都能理解的。他的亲戚们都确信，他将永远成为一个失去希望、失去幸福的病人。他不可能再有什么作为了。琼斯用了很长一段时间才从这种剧痛中缓过来。而后他经过刻苦思索，并在了解了当时市场的形势之后果断作出了决定，他要有所作为。他心想：我现在病得很重，是的，但是我还没有死，我身上还有没有卸掉的责任，我要养活全家人；既然不能干活，我就要利用自己的智慧给自己带来幸福。

琼斯理性分析了当时的经济形势，认为在粮食价格越来越低的情况下，不能只是依靠农场的粮食出售来换取生活所需了，那样就是在亏本经营，但是用什么方法创造了这种奇迹呢？是的，他的身体是麻痹了，但是他能思考，他确实在思考、在计划。有一天，正当他致力于思考和计划时，他作出了自己的决定。他要从自己所处的地方，把创造性的思考变为现实。他要成为有用的人，他要供养他的家庭，而不是成为家庭的负担。

他把家人召集起来，把他的计划讲给他们，很快就得到了大家的拥护。

琼斯说："尽管我已经不能跟你们一起干活，但是我决定用我的头脑工作，让我们把我们农场每一亩可耕地都种上玉米。然后把玉米磨成饲料喂猪。当然，养猪并不会让我们家脱离贫穷快速致富，但是猪肉能。在猪还幼小肉嫩时，我们就把它宰掉，做成香肠，然后把香肠包装起来，给它取一个好一点的名字当成商品卖到全国各地，让我们的香肠在全国各地的零售店出售，这样，我相信很快香肠将像热糕点一样热销。因为我们的香肠最香嫩，并且便宜还没有那么多的竞争者！"

很快，这种香肠确实像热糕点一样出售，并且很快畅销全美！几年后，琼斯的香肠被美国一家食品公司收购，琼斯也从一个濒临破产、瘫痪在床的病人成为一个百万富翁，全家人也过上了安定的生活，再也不用担心金融危机会摧毁自己的农场和家庭了。

对真正有追求的人来说，不论他的生存状态如何，都不会自我毁灭似的放弃挖掘自身潜藏的智能，不会自我堕落放弃可能达到的人生高度。他会锲而不舍地去克服一切困难，发掘自身才能的最佳生长点。就像琼斯一样，在运用逻辑思维为自己进行现状的层层分析，扬长避短，利用市场需求和自身的资源进行有效整合，最终将会达到双赢的结果。

其实逻辑思维并非什么万能之物，但是它的适用范围之光让你想都想不到。而且逻辑思维并不是单纯地藏在课本里让你找不到，因为逻辑思维不是知识，没有一成不变的知识点供你背诵掌握，逻辑思维是一种方式，一种让你更快、更好做事的方法，你可以在任何时候，用任何素材来练习。它包罗万象，尽善尽美。

2. 做事没条理，一切都是白忙

做事有条理，再乱的工作也能抽丝剥茧，逐个解决；做事没条理，拼死拼活也只是白忙一场。有条理是做事有逻辑的重要特征。对许多人来说，这句话不幸戳中了他们的致命弱点。他们完全不知道怎样把人生的任务和责任按重要性排队，不知道该在黄金时间里做最重要的事，该合理搭配时间和按照顺序列一张日程表。这些行为，都是因为没有运用逻辑思维在自己的工作中，没有将逻辑思维的作用最大化发挥，导致自己的工作、生活一团糟。

为什么说没条理是不懂逻辑思维?

逻辑思维没有那么神秘，抛去那些复杂的哲学、逻辑学理论，简言之，能合理运用逻辑思维的人不会被眼前纷杂混乱的事物和令人头疼的交际关系搞得头晕眼花、方寸大乱，恰恰相反，那些逻辑达人认为这样的处境是对自己更大的挑战，如果可以搞定这样的局面，那么再遇到类似的困难也不过尔尔，三下五除二就可以将这些任务统统拿下。

伯利恒钢铁公司 Bethlehem Steel Corp 曾是美国第二大钢铁公司。在第二次世界大战期间，这家公司得到了空前的机遇，于是得以快速发展。这家钢铁公司的老板齐瓦勃出生在美国乡村，只受过很短的学校教育。但是雄心勃勃又好学的齐瓦勃无时无刻不在寻找着发展的机遇。在创办自己的公司伯利恒钢铁公司之后，他渐渐发现自己在管理公司和处理自己的日程安排上遇到了瓶颈。于是他会见了效率专家艾维·利。会见时，效率专家艾维·利看出了齐瓦勃的忧虑所在。于是也愿意帮助齐瓦勃把他的钢铁公司管理得更好。齐瓦勃承认他自己懂得如何管理，可是事实上公司发展不尽如人意，总是欠缺一些东西。之所以来找艾维·利，就是看中了他的专业性。齐瓦勃说："我并不缺乏知识，而是更多的行动。如果你能告诉我们如何更好地执行计划，我听你的，在合理范围之内价钱由你定。"

效率专家艾维·利递给齐瓦勃一张崭新的白纸，并且说："在这张纸上记下你明天要做的 6 件很重要的事。"待齐瓦勃写完之后，他说："现在用阿拉伯数字为你所罗列的事情排序，要依照事情的重要性来排序。"然后艾维·利又说："现在把这张纸放进口袋。明天早上第一件事就是把纸条拿出来先做第一项。并且只是第一项。着手办第一件事，直到完成为止。而后用同样的方法对待第二项、第三项……直到完成为止。如果你只做完第一件事，那不要紧。你总是做着最重要的事情。并且每一天都要这样做。你对这种方法的价值深信不疑之后，叫你公司的人也这样干。这个试验你爱做多久就做多久，等到合适的时机你就可以给我寄支票。"

齐瓦勃略有迟疑地看着对方，但是出于尊重并没有表示异议。几个星期之后，齐瓦勃给艾维·利寄去一张2.5万元的支票，还有一封信。信上说那是他一生中最有价值的一课。后来有人说，5年之后，这个当年不为人知的小钢铁厂一跃而成为世界上最大的独立钢铁厂。而齐瓦勃则名利双收，成为家喻户晓的亿万富翁。

作为效率专家，艾维·利也是一位了不起的逻辑达人。他通过一条简单可行的方案在齐瓦勃的目标和行动之间画上了一个了不起的"等号"。

逻辑思维的严谨性和导向性是引导人们合理利用逻辑思维，并且将逻辑思维优势最大化的重要原因。同时，逻辑思维也要求人们能遵守逻辑思维的基本定律。传统逻辑把在思维中运用非常广泛的规则称为形式逻辑的基本规律，同时也是逻辑思维的基本定律。人们如果违反规则就会导致错误，人们是有可能犯错误的，因此需要用规则来规范人们的行为。这些形式逻辑的基本规律包括：同一律、排中律和矛盾律。

这里首先要用到同一律。所谓同一律，就是要求人们在同一个思维过程中，反映同一个对象的思想是确定的，必须始终保持同一个含义不能随意偷换概念。换句话说，同一律就是要求我们所想的事物都是一个确切的、正确的事物。要求思维必须具有确定性，不可以偷换概念、混淆概念。在这里，齐瓦勃所要求得的效率就是那个思维的最终目标，而提高效率的方法就是效率专家，艾维·利提供的方案，利用这个方案，伯利恒钢铁公司也达成了自己的目的，在企业领导者、办公室成员等提高做事条理和效率方面快人一步，最终实现了质的飞跃。

那么，从这个案例可以得出结论，在现实生活中要怎么做才算是做事有条理呢？

首先，要清楚知道自己应该先做什么。

事情不分轻重缓急，就会毫无头绪地草率开始。应先弄清自己需要做什么。总会有些任务是你非做不可的。那么选择好起点就成功了一半。而且根据逻辑思维的同一律，第一件事情的选择对错与否至关重要，这甚至关系到后续的工作是否与你的工作目标一致。所以，选好下手点，后续工作可以变得更容易、更直接，当然也就更有条理了。

其次，就是巴莱托定律。

人们应该用 80% 的时间做能带来最高回报的事情，而用 20% 的时间做其他事情，这样使用时间是最有战略眼光的。这就是巴莱托定律的基本内容。有的人时间充足，可以想做什么就做什么，但是有的人却不然。你要是一位经常坐办公室的人，那么就是拿枪顶着你的脑袋你也不敢说自己有充足的时间做事。办公室白领的办事功效就会比体力劳动者具有更大的波动性。因为你一天的大部分工作可能都是在某一段时间做好，这一段时间就是白领精力最充沛的时间。在这段黄金时间里，我们应该做更重要的事情。商业及电脑巨子罗斯·佩罗说："凡是优秀的、值得称道的东西，每时每刻都处在刀刃上，要不断努力才能保持锋利。"所以要用我们宝贵的时间和精力去做最重要的事情，其他的小事甚至利用间隙时间顺手一做就可以。

最后，我们要像艾维·利一样给自己列一张日程安排顺序表。

把一天的时间安排好，这对于你的成功是很关键的。要想做事更有条理，不会因为这样那样的原因白忙活一场，就要集中精力处理紧迫事情。我们甚至可以把一周、一个月、一年的时间内需要重点安排的事情安排好，这样做给你一个整体方向，使你看到自己的宏图，有助于你达到目的。

3. 考虑不全面，功败垂成又能怨谁

从前有一个老汉，为人勤勤恳恳，省吃俭用，从年轻时候起就积累了上万的财富。可是时间久了，老汉开始犯愁，这笔钱暂时用不着，可以用来日后养老。关键是目前这笔钱该怎么保存。交给儿子保管，

没准就是肉包子打狗了；存银行，当时还真没有这种机构；交给别人保管，自己儿子还信不过呢，何况外人？于是老汉在自家内墙挖了一个洞穴，把钱币装进木箱里放入墙内，以为完全可靠，如有急用也可以就近取之。老汉很是得意，于是干完就蒙头大睡了。时间一晃过去了20年，老汉突然得了一场急病，老汉吩咐子孙前去拿钱，可是凿开墙壁一看，墙内木箱里没有钱的影子，不过是一堆纸屑。原来老汉千算万算，最终没有想起墙里的老鼠，万元钞票被墙内老鼠咬成碎片。老汉惋惜不已，自己辛辛苦苦积攒的养老钱着实不易，到最后竟让老鼠享了口福。

逻辑思维认为，理性认识是对客观事物的内在的、本质的认识，处于认识的高级阶段。理性认识和理性思维建立在大量的感性材料的基础之上，并且通过过滤这些感性材料进行由此及彼、去伪存真的再加工。在逻辑思维中，概念、判断、推理是思维的基本形式。

无论我们从事何种行业，逻辑思维的恰当运用都会对我们的工作进展起到相当重要的作用。

运用逻辑思维进行分析此类事件，老汉通过理性分析，认为，儿子、外人都是不可靠的，所以只有藏在墙里才是安全的。在逻辑学中，如果把这个结论当作一个命题，那么如果事实上结论有一种反面事实，这个结论就是错误的，就会被推翻。这则故事告诉我们一个道理：无论做什么，风险无处不在，如果单纯地认为自己已经考虑周全，确保万无一失，那么在变化多端、复杂难测的世界里你也许会败得一无所有。各种不确定的情况都有可能发生。如何规避风险，如何进行全方面分析，不让一些突发情况破坏原有进程，这是每一位善于运用逻辑思维的决策者应该面对的问题。

为了避免因为自己的考虑不全面而导致满盘皆输，所以我们应该在决策之前充分分析情况，做一个完备的计划。事实上，坏的计划比没有计划更糟糕。当然，坏的计划肯定不能保证我们要做的事一帆风顺，但是计划一定要做。

计划做好了也不一定能彻底执行。而且在做计划的同时，也要保证这个计划富有弹性，不会遇到挫折而导致计划不幸流产。而好的计划若要成立，首先要满足两个前提：第一，实施这个计划，必会引导我们走向成功的方向，并且给你的生活或工作环境带来一个质的提升；第二，我们必须具备调适能力，能够保证随时修正、改进这个计划。

因为现实世界是处于变动状态的，用辩证逻辑思维看待这个世界，你就会发现我们要完成一项任务，做好一件大事，需要考虑的事情相当复杂，而且多变，那种认为凡事都是自己认为的理所当然的样子的想法可见有多愚蠢。视实际目标而调整方向，让自己在追求目标的过程中不断提升自己，用发展的眼光看世界，视实际状况而改变计划或调整焦点这才是一个真正的英明决策者该有的视角。

在三国史上，有一个非常有名的“子午谷之争”。三国分立，蜀汉偏安，人口、经济等皆不敌曹魏，并且经过夷陵之战后元气大伤，国力不振。但是在诸葛亮精心主政下，蜀国逐渐恢复元气。诸葛亮坚持北伐的军事战略，于公元 228 年首次北伐。蜀军在经过多年的准备之后，计划向魏国发动大举进攻，光复汉室！当然在出兵之前要先做好作战计划，这也叫作“庙算”。“庙算”之机，在于军事战略计划更是不能有大纰漏，否则战事失误是小，若因此引来亡国灭种之灾更是悔之莫及。当时蜀军有两个军事计划：

按照诸葛亮的想法，应该派疑兵出斜谷吸引魏军主力于关中地区，大军安从坦道，攻取陇右，切断曹魏关中与河西地区的联系，并且将河西之地拿下，作为蜀汉未来进取关中和中原的基础。孔明的计划以稳妥为主，步步为营，并且进退有据，后勤供给方便。这也符合丞相的谨慎持重的风格。

此时大将魏延提出了出子午谷、奇袭长安的战略：“闻夏侯楙（时镇长安）少，主婿也，怯而无谋。今假延精兵五千，负粮五千，直从褒中出，循秦岭而东，当子午而北，不过十日可到长安。楙闻延奄至，必乘船逃走。长安中唯有御史、京兆太守耳，横门邸阁与散民之谷足周食也。比东方相合聚，尚二十许日，而公从斜谷来，必足以达。如此，则一举而咸阳以西可定矣。”魏延认为可以采用奇袭之策，出其不意，由他率精兵5000，取道子午谷偷袭长安，诸葛亮率大军出斜谷，趋长安会师，两相夹攻，“则一举而咸阳以西可定矣”。

魏延的计划引起了后世军事学家的浓厚兴趣。虽然魏延的计划是奇谋，但是相当冒险，一旦出现意外情况，那么全部的北伐大军都会被牵扯到关中战事中，而且后勤运输不利。运用逻辑思维来分析，魏延的某些假设并非绝对成立。如果魏军卡住道路险狭的子午谷口，那么魏延所带领的精兵恐怕就会全军覆灭；如果长安守将夏侯楙没有弃城而逃，而是据守长安，那么洛阳地区的守军不用十天就可以驰援长安，到时魏延的5000精兵根本扛不住曹魏军队的两相夹击；就凭这两点，魏延的奇谋就被诸葛亮否决了。

庙堂决策，不可以将千军万马的性命做赌注，一旦失败，满盘皆输，功亏一篑。后来事实的发展也很有意思。诸葛亮相对魏延来说，自然高其一筹，稳扎稳打，很快就收取了阴平、武都等三郡，曹魏一片震恐，关中也有不少豪强纷纷起兵响应。这就相比魏延的奇谋之策要高明得多。但是后来诸葛亮错用马谡，街亭战败，所有的战果因此不得不忍痛放弃。最后将河西三郡的百姓迁入川中，挥泪斩马谡，班师回朝。诸葛亮鞠躬尽瘁，却因为没有考虑到用人方面的问题，最终功亏一篑痛失全局，而后曹魏重点防范诸葛亮，诸葛亮再也没有机会进取关中，直到五丈原逝世，饮恨九泉。这就说明，运用逻辑思维，尽量顾虑更全面的信息进行推理和预判，并且留有余地，这样才会不至于功亏一篑，饮恨不已。

4. 每临大事便乱手脚，那是缺乏判断能力

如要成功，除了自身不断努力，还要修炼自己的意志力和决断力，修炼自己的逻辑思维，训练自己的逻辑分析能力和判断能力，把自己的精神属性练到最强。这样才能在面临各种意想不到的考验时不会慌

了神、乱了手脚，最终被各种危机考验吞噬。

古代书生寒窗苦读十载，需要一层层地经过乡试、省试等不断考核，才能被皇上选中有资格参加殿试。全国的精英都在这里，这样的场面能允许谁怯场吗？大军戍边百日无战事，一旦敌兵突然袭击，哪个主帅敢慌乱无措，是打是跑举棋不定？商场如战场，每一个瞬间的走神都可能会给对手可乘之机，一旦被对手逼到绝境，最高决策者如果还拿不定主意，那么等待他的只有破产关门一条路可选。

曾经有一家社会研究机构做过相关调查，在面临人生重大抉择时许多人都会因为各种各样的原因败下阵来，最终成为一份心头永远的遗憾。在分析了2500个于大考验中失败的人报告显示，慌乱、迟疑不决、害怕、缺乏决断、分析预判错误等原因是最为主要的原因。

慌乱、迟疑不决、害怕、缺乏决断、分析预判错误等，这些原因其实反映的是失败者自身面对危机和挑战时精神属性没有足够的应战能力，逻辑思维在最需要的关头被糟糕的情绪、混乱的环境、软弱的性格排斥在外，所以，最后很多人失败了。假如有人能够冷静下来，想起还有逻辑思维这位严谨睿智的朋友，或许就不会慌乱不已，以失败告终。

运用逻辑思维，首先要学会冷静。如果临阵自乱，再聪明的脑袋也不能挽救局势。要学会用理性思维分析现状，不能让愤怒和害怕等破坏你的心境。几乎所有在事业上成功的人，遇事都能以一种轻松从容的心情去应对挑战。成功的人甚至更喜欢逆境，更喜欢在生死攸关的时刻，他会尽量保持自己的脑筋处于沉着、冷静的状态，然后利用逻辑思维分析现状和做更多的假设，设计出更多的应对方案和策略，这样做的好处不仅可以规避风险，甚至还可以捕捉和发掘新机会。所以，不管你是初出茅庐的小伙子还是人到中年的大叔，请记住，养成心情轻松的习惯并且遇事冷静思考就可以获得不少的帮助。如若不然，在面对突然变故时，一慌二怕，大脑根本就无法做出思考也想不出应对的妙招，甚至失去正常的思考能力。这个时候别说逻辑思维，就是你再精明，恐怕也只能是纸上谈兵。所以，在你感觉自己慌乱的时候，你要有意地放慢你的节奏，让你的身体和灵魂都跟着慢下来，静下来，越慢越好，并在心里说："不慌！不要慌！我能行！"

然后就要说说迟疑不决。拖延是每一个人必须征服的敌人。在遇到难题的时候，假如你已经做好准备，运用逻辑思维将自己的所想付诸行动，一有机会就快速下决心，这样我们才会拥有更多的胜算。如果遇事迟疑不决、犹豫再三，就算是终于下了决心要怎么样怎么样，却又在心里自己给自己使绊子，推三阻四，拖泥带水，一点也不干脆利落，那么不好意思，你已经浪费了最宝贵的反击时间，你的敌人不会给你太多犹豫的机会，哪怕一秒钟，他也会置你于死地。

事实上有些人的狐疑寡断源自于他们拙劣的分析判断能力，有时候脑子里的信息太多，他们没有正确运用逻辑思维去分析这些信息，最终不知道仓促作出的决定的结果究竟是好是坏、是吉是凶。有些人本领不差，人格也好，但因为寡断，一生的成就有限。而决断敏捷的人，即使犯错误，也会东山再起。

胆略、决断、勇气、心态是人类智慧的外在形态。是一个人思维成熟、心智成熟的表现。即便是外表纤弱的女子，如果思维成熟、心智成熟，逻辑思维运用得当，也是一个有胆有略、见识过人的奇女子。唐末李克用的夫人就是这样一位奇女子。

自“安史之乱”后，唐朝日益衰落。唐朝末年，爆发了著名的黄巢起义。义军声势浩大，不久便入据长安，唐僖宗出逃四川，岌岌可危的唐朝政权雪上加霜。这时候各地割据势力纷纷借机发展自己的势力，并且借着镇压起义军的时机混战一团。沙陀人李克用因镇压起义有功，被赐姓李，并长期割据河东，与占据汴州的朱全忠对峙，两家连年征战不休。

有一次，李克用奉旨带兵出阵，但朱全忠从中作梗，暗中使坏，引诱李克用带人进汴梁城上源驿聚会，同时命部将杨彦洪围攻上源驿，意图一举除掉李克用。李克用被打得措手不及，侥幸逃去。朱全忠一看没有借此机会除掉李克用，于是就决定杀人灭口，派人将杨彦洪射杀，掩盖自己叛变的真面目。不过对于这些正在气头上的李克用并没有察觉到，他一路跑回驻扎城外的大本营，誓要亲自杀了朱全忠以泄愤。

李克用的溃军中有人逃回去，禀报了李克用妻子刘氏夫人李克用被围城内的消息。刘夫人得知后很是震惊，不过她并没有被这个消息吓住，常常随军而行、颇懂军机的她镇静地分析了形势，不管自己的丈夫能不能从城外逃回来，这个消息绝对不能在军营里散开，因为当时李克用奉命追讨黄巢军所率军队成分复杂，陀族、汉族、回纥、鞑鞑、吐谷浑等都有，一旦消息走漏势必引发兵变。当今之计，先要保住大军，再图后计。然后她下令将那报告朱全忠叛变的人立即斩首，以定军心。虽然这位前来报信的大哥死得很冤，但是一个败兵逃回来很多地方都是死罪难逃，如果让更多的人知道了朱全忠勾结叛将谋反作乱，府内肯定乱作一团，说不定还会有人响应。如果那样的话，丈夫李克用面临的局面就没法收拾了。同时刘夫人严令上下戒严，全城备战，李克用得以保全后方军队，平安归来。

李克用狼狈回来后，刘夫人很快就去为丈夫接风。李克用发誓要集中兵力去打朱全忠，真是此仇不报誓不为人。可是，刘夫人不同意，她说："你此次带兵伐叛是为国讨贼，以救东路诸侯之急，现在，汴州人朱全忠设计要谋害你，你当然很气愤，我也十分生气。可是，如果你真的带兵去攻伐他，那么这件事的性质就变了，天下人并不知道有心谋乱的是朱全忠，你应该上诉朝廷，由朝廷兴兵讨伐他，岂不是更好?"李克用听了夫人这番话，茅塞顿开，怒火顿消，便听从了夫人的意见，不再结兵攻伐朱全忠了。但他还是给朱全忠写了封信，责备他意图谋害自己不厚道。朱全忠只好回信将责任推到已死的杨彦洪身上，这件事也就暂时告一段落。

刘氏夫人不愧是女中诸葛，在这样复杂的情况下，只要稍微有一点慌乱，就会中了敌人的计策，自乱阵脚，最坏的情况是，李克用有命逃出城外，却发现自己的军营里已经乱成一团，各怀异心的将领自相残杀，自己和这几万人军队也甭想渡过黄河平安回去了。刘夫人这件事处理得很有分寸，有节有理，并且能够及时梳理信息，以大局为重，该出手时就出手，应变不慌，杀掉逃回的士兵封锁消息，让大军不乱；丈夫逃回来后劝住他复仇的念头，仔细分析自己的处境，沉着不慌，理性做事，这就是运用逻辑思维的成功典范。

如要做出一番成就，你就必须学会理性思考，逻辑推断，大胆决策，使你的正确决断，坚定、稳固得像山丘一样。泰山崩于前而色不变，麋鹿兴于左而目不瞬，无故加之而不怒，猝然临之而不惊，每临大事有静气。合理运用逻辑思维，有所成就还有何难！

5. 预判太差劲，人生处处是臭棋

人生好比一场棋局，有落子无悔的坦然，也有举棋不定的惘然，有一败涂地的怅然，也有荣辱随风的淡然，还有暗自悔恨的徒然。

一个好的棋手，在观看棋局的时候就已经在分析自己的走势，观看对手的实力和惯用技法，不会因为自己的一时兴起而误入陷阱，而后怅然不已，也不会因为一时得失而跟自己过不去。好的棋手也是一位有着专业素养的逻辑思维专家，智商情商兼修，胜能胜得势如破竹、尽在掌握中，败也会败得心下坦然，能够问心无愧，我已尽力，余皆天意。人生没有臭棋手，只是缺少一颗会预判、懂逻辑的大脑，如果二者俱备，你就是一个胜多败少的好棋手。

著名的爱国华侨领袖、企业家、教育家、慈善家、社会活动家陈嘉庚就是一位人生好棋手。他在20世纪初开始其创业生涯时，接手父亲的产业经营一家罐头厂。经过陈嘉庚和家人的辛勤努力，罐头厂渐有起色，并且盈利颇多。不过陈嘉庚并未满足，作为一名慈善事业家和热衷教育的爱国华侨，他更愿意去开发更多的产业来支持自己的慈善事业和教育事业。一天，陈嘉庚在与一位英国朋友闲聊的时候，听朋友谈起英国一家公司正在新加坡高价收购橡胶园，这让他心里产生了投资橡胶产业的念头。他迅速捕捉到这条信息，并经过有逻辑的分析，敏锐地意识到这项事业的前景广阔无限。于是，他开始转变经营思路，决定投资经营橡胶园。

可是商场情况瞬息万变，刚刚还方兴未艾的橡胶产业突遭寒潮，陈嘉庚也遭遇重创，他已经拥有的5000亩橡胶园里的橡胶却突然卖不出去了，价格迅速下跌，这对陈嘉庚是一个不小的打击，让他的橡胶厂一度停产。这个时候，陈嘉庚并没有被这些负面影响所吓倒，他还是相信自己的判断，认为橡胶产业不会昙花一现，应该可以获得更为长远的发展。陈嘉庚通过对大量信息资料的逻辑分析，他认为目前橡胶产品滞销并不能说明以后橡胶产业就一蹶不振。相反，他认为橡胶的用途是非常大的，20世纪将是橡胶的时代，眼前出现的不景气现象只是暂时的。他还了解到，英国政府对于新加坡等地的橡胶行业十分重视，是绝不会放任橡胶价格继续下跌的。这样也会损害英国政府的利益。于是他大胆决策，再次在马来西亚等地收购橡胶厂，并扩充和改造了这些橡胶厂的设备。甚至利用许多橡胶厂家抛售资产的时机收购设备和产业，形成了一条橡胶栽植、原料加工、熟胶生产等系列化生产线。随后不久，英国政府出手迫使橡胶的价格回升，橡胶业再次恢复活力，陈嘉庚也因此迎来了他的橡胶业的春天。

由此可见，要想做一个料事如神的好棋手，就要在运用逻辑思维合理处理信息上下功夫。当然这并非是一朝一夕就可练就，也没有任何窍门捷径可寻。唯一确定的是，只有在实践中不断摸索、不断尝试、不断思考创新，才能成为一名掌握逻辑思维、拥有超强预判能力的高手。

东汉末年，天下大乱，英雄辈出，军阀混战，百姓遭难。刘备生在乱世，是其中一个怀有大志的英雄。他心怀救国之志，想要重振汉室，于是就从黄巾起义开始，南征北战，出生入死，数年转战下来，却没有打出一块稳固的根据地，而他的主要竞争对手曹操稳居北方，孙权割据江东，而刘备最后只能依附刘表，在新野小城驻扎。虽有文士武将，却始终没有自己的地盘，势单力薄。后来，刘备在新野时，徐庶向他推荐诸葛亮，并劝刘备亲自屈驾迎请。刘备于是就带着两位结拜兄弟三顾茅庐，终于在第三次拜访时与诸葛亮相见会谈。诸葛亮作为当时超群绝伦的战略家和政治家，高屋建瓴，为刘备制订了一个清晰的战略计划，不与得天时的曹操正面交锋，不与得地利的孙权发生摩擦，而是西取四川、汉中并据有荆州而三分天下，最后待时机而动，兴复汉室。这就是历史上赫赫有名的《隆中对》。刘备茅塞顿开，便请诸葛亮出山，按照诸葛亮的思路，联合孙吴打败曹操，借荆州、平西川、争汉中，使刘备最终三分天下。

没有《隆中对》，刘备再有雄才伟略也敌不过更加骁勇善战、足智多谋的曹操。正是对形势有了正确的判断，用正确的思路作行动的指南，才有了后来三分鼎立的故事。否则刘备在历史上最多也就和吕布、袁绍、马腾齐名而已。

诸葛亮的战略思路，是经过缜密思维和严谨推理得来的，在表象、概念的基础上进行深入分析、综合整理、层层推理、大胆决断而形成的一个清晰的战略思路。如果没有站在高处，人们不可能看见江河远远流向大海的气势；如果没有精确的预判能力，那么再好的棋手也挽救不了自己在落子时的盲目，最终也难逃失败厄运。鸿门宴上，项羽高高在上却没有预见到谦卑的刘邦会成为自己的敌人甚至是克星，而刘邦则因为自知当时实力不及项王，也就没有以卵击石，而是采用以退为进的策略，约好项伯在内照应，带着一干文武前去领罪。最终项羽犯了糊涂，放走了刘邦，却为自己日后的自刎埋下了伏笔。范增之前就提醒项羽说："沛公居山东时，贪于财货，好美姬。今入关，财物无所取，妇女无所幸，此其志不在小。吾令人望其气，皆为龙虎，成五彩，此天子气也。急击勿失！"后来见刘邦逃脱，愤怒的老人摔掉玉斗，放在地上，用剑击断，说："唉！竖子不足与谋。夺项王天下者，必沛公也。吾属今为之虏矣！"

一念之差，最大差别却是成功与失败。所以，树立良好的心态，培养自己好的思维习惯，用好就是决定成败的关键。运用逻辑思维，我们就可以拨乱反正，让好思维、好逻辑为我们的前途指明方向，取得成功。

6. 有逻辑思维的头脑才能掌控话语权

会说话也是一种能力。会说话先要会动脑子，说话不是简单地把话用嘴巴说出来，而是要用嘴和舌头把你的思维表达出来，决定说话质量的不是人的脑子里有什么，而是你的思维世界里在想什么，只有逻辑思维严谨、论证正确、说话方式得当而符合语言环境，这样的语言才更有力量。

现代社会是一个充满竞争与合作的社会，也是人与人之间互相合作或是互相竞争牵制的社会。有的人不善于和人打交道，失去了更多的支持而在竞争中失败，有的人却巧舌如簧，能够左右逢源得到更多贵人的相助，所以在合作中成功了，这就是为什么人与人之间智力、情商相差不多，但是成就却千差万别的奥妙了！所以，逻辑思维控制话语权，掌握说话的分寸，这样才能为自己的事业添加更多、更好的筹码。人在江湖，必定会遇到各种磨难，有时候肯定需要别人的帮助。在社会上不管是与人交往，还是托人办事，都少不了要与人说话，相互沟通交流。因此，说话在此可不是一件简单的事，有时一句话能把人说笑，有时一句话也能把人说恼。对说话的分寸和方式的研究，几千年来已经让许多的学者专家为之痴迷，刻苦研究其中的奥秘。

语言天生具有无限的魔力。古来就有“三寸之舌胜百万之师”“一言可兴邦”的美誉，在欧洲也有“良言胜重礼”“正义的话能截断江河，和蔼的话能打开铁锁”等民谚，由此可见，会说话的作用何其之大，需要说好话、说正确的话的地方何其之多。说话的巨大威力既可以安国兴邦，又可以救人灾厄，还可以避免许多纷争和困扰，所以要想成功，要想有所成就，会说话，这是不得不学的一门本领。西方人称当今世界有三大魔力：金钱、原子弹、语言，这也并非浮夸之言。

春秋时期，晋文公、秦穆公是亲密的盟友，秦晋两国结成姻亲，组成强大的联盟。有一年九月，两国联合围攻郑国，意图逼郑国断绝与楚国的联系，两国围攻郑国首都，攻势紧急，眼看郑国国度就要被攻破。有一位大臣就向郑伯举荐一人前去秦国军营以说服秦穆公退兵：“郑国处于危险之中，如果能派烛之武去见秦伯，一定能说服他们撤军。”郑伯同意了。烛之武趁着天黑用绳子从城墙上下去，见到秦穆公之后，烛之武便开始了一番精辟的言论：“秦、晋两国围攻郑国，郑国已经知道即将要灭亡了。如果使郑国灭亡对您有好处，怎么敢再来这里叨扰您。可是君上想想，即便是灭掉郑国，秦国能够越过晋国把远方的郑国作为秦国的东部边邑吗？您知道这是不可能的，如果郑国灭亡了而让郑国土地成为晋国的土地，您忙活老半天又得到了什么呢？邻国的势力雄厚了，您的势力也就相对削弱了。如果放弃灭郑，而让郑国作为您秦国东方道路上的主人，以供秦国使者来来往往，郑国作为东道主可以随时供给他们的衣食所缺，对您秦国来说，也没有什么害处。再者，说句不该说的，您的为人厚道大家都知道，我记得您曾经对晋惠公有恩惠，他也曾答应把焦、瑕二邑割让给您。然而，他早上渡过黄河回到晋国，晚上赶紧修筑防御工事防止秦国派兵前来交割城池，这是您自己心知肚明的事实。晋国，其实也是一个欲壑难填的恶魔，如果您现在帮它灭掉郑国当作晋国东部的疆界，那么用不了多久它又想往西扩大疆域。如果不侵损秦国，晋国从哪里取得它所企求的土地呢？秦国受损而晋国受益，希望您好好考虑考虑吧！”秦伯听到这话，不用想多久就与郑国签订了盟约。并派杞子、逢孙、杨孙帮郑国守卫，然后就撤军回国了。

烛之武奉命出使，成功地游说了秦穆公，几乎就是站着说会儿话的工夫就打动了秦穆公，就这样使郑国摆脱将要灭亡的厄运，不仅如此，烛之武还额外完成了任务，不只使秦国军队撤兵，并且又得到秦国帮助守卫城门，这样说话不仅是技巧，更是艺术。

烛之武一席话就让秦穆公背叛了晋国而亲近郑国，因为他直接抓住了秦、晋和郑国之间的关键所在。所谓“天下之事以利而合者，亦必以利而离”，所以才能“一言使秦穆背晋亲郑，弃强援、附弱国；弃旧恩、召新怨”。因为利益，所以秦穆公背弃强大的晋国和郑国结盟，这就是所谓的“弃强援、附弱国；弃旧恩、召新怨”。由于烛之武在说话间按照逻辑思维进行细致分析，一方面将秦晋结好共同灭郑最后只能便宜晋国的事实慢慢铺开，同时在巧妙地分化秦国和晋国的同盟，一句“夫晋，何厌之有？（晋国有什么能满足的吗?）”将两国巧妙分立在对立面，并且从现在的利益瓜分、过往历史中晋国反复无常的两方面说明一个问题：晋国不可靠！都这样说了，秦穆公根本没有机会再细致思考，于是就答应了烛之武的要求，撤兵而去。

天下熙熙，皆为利来，天下攘攘，皆为利往。天下的事因为利益而合作的，也必然会因为利益而分离。烛之武之所以一言保郑国，就是因为他把利益与危害分析得到位而且方式恰当，技法灵活，深深击中了秦穆公的心。他句句未谈郑国的利益，却句句未离郑国的利益，这就是会说话与不会说话的区别，也是能够运用逻辑思维表达自己的思想、成功说服对方接受自己意见的典型事例。

所以，千万别小瞧说话，一句话能成事，一句话也能坏事。与人相处是否和睦，与人共事是否随心，干工作能否顺利，干事业能否成功，很多时候并不是因为你做好所有物质准备就会水到渠成的，更多的时候还取决于说话是否到位。

把握说话分寸的人，从来不会勉强别人放弃原有的主张而违心认同自己的观点和喜怒哀乐。他们善于用严密而符合情理的逻辑思维来组织有分寸的语言，准确、贴切、生动地表达出自己的思维和想法，并且让对方从心里认同自己，站在自己这边，这样就会使自己在社交上八面玲珑，在办事时无往不利，这就是说话的威力，这就是运用逻辑思维说话、掌控话语权的无限魔力！

第二章

逻辑思维缜密，你绝不会输得很冤

在生活中，我们不可避免地要与人竞争，但很多人常常有理说不出，觉得自己输得很冤。之所以吃亏，他们是吃亏在逻辑思维不如人方面。因为逻辑思维能力差，对方即使耍诈，他们就算看出了不对，也无法名正言顺地驳倒对方。相反，逻辑思维好的人，面对这些都不是难题，能很轻松地一一揭穿其伎俩，为自己赢得利益。

1. 料事如神的秘诀就是逻辑思维缜密

逻辑思维的应用范围很广，在人际交往方面逻辑思维也无时无刻不在影响着我们的工作和生活。尤其是当今这个竞争激烈、节奏加快的现代社会，人与人之间的竞争和合作相互渗透、相互牵连、相互转化。你如果比不了别人，就会被社会抛弃。

在社交场合方面，运用逻辑思维进行综合分析，培养自己的敏锐的观察力与良好的判断力，根据表面现象进行细致分析，进而穿透对方的表面现象看到事物的核心实质，这样做就会事半功倍，做事得心应手。

春秋时期是一个思想解放、人才喷涌的大时代，这个时期涌现了许多见识超凡、思维缜密的智者，他们或者建功立业，或者著书立说，成为后世的楷模。据说郑国的国相子阳的宾客向他荐举了当时很有学问的列子，并称赞列子的学问不可估量，谋略不可小觑。于是子阳同意聘请列子，同时还命令手下送他数十车的粮食，以为这样就可以打动列子，让列子愿意做他的宾客。

可是，列子却并没有像子阳预料的那样欣然而来，列子得知来意，不仅再三推脱，而且把粮食也如数归还，尽管当时列子家里很贫穷。

使者离去后，列子的老婆非常不明白，一个劲儿地埋怨他：“有本事的人会经营，所以他们的家庭安乐幸福。你本来是一个有本事的人，但是现在我们却穷困潦倒无米下锅，眼看着相国赏识你送你粮食，你为什么不接受，难道让我们陪着你一辈子受苦挨饿吗？”

列子听后却没有一丝悔恨之意，只是笑着对妻子解释说：“我之所以拒收子阳送来的厚礼，那是因为相国并非从心里认同我，只是听信了别人的话才给我送粮食。反过来说，假如有人再跟他告状说我坏话，他也会因听信别人的话怪罪于我。由此可见，子阳并非是一个识人的智者，一个不懂得识人的人，难免没有追求，为这样的人效命，恐怕受连累是迟早的事。人际交往，知人贵在知心，我们要冷静分析，不能被子阳表面的好处给蒙蔽双眼。”列子妻子听后觉得有道理，而后事情的发展也正如列子所言，子阳被郑国百姓的暴动所杀，而列子由于及时与他划清界限，没有受到连累，不会因为几十车粮食而丢掉性命。

就这一点，逻辑思维就可以让很多人受用良多。不管是什么场合，和什么人打交道，做什么事情，都需要我们根据实际情况做综合判断，充分发挥逻辑思维的作用，进行逻辑推理和理性判断，最终能够掌握先机，抢先一步登上成功之门。如若不然，别人比你快一步，别人料事如神，你和对手有时候根本就不在一个起跑线上，还没有开始你就已经落后了，更别说以后了。

交际场也是一个大熔炉，在这里可以锻炼人的观察能力、分析能力、推理能力和判断能力。和人打交道，首先就要能够分析人。孙悟空的火眼金睛是在太上老君的炼丹炉里练成的，而我们在交际场的火眼金睛需要用逻辑思维的综合运用来慢慢磨炼。所以一开始不要着急，没有人生下来就是能够做到这点的，越是经历丰富、阅历丰富，一双眼睛也就越锐利。所以，在平时锻炼自己的观察能力，通过细致观察来收集重要信息，然后进行逻辑分析，细致推断，大胆求证，并把这些信息汇总分类，在需要用到的时候能信手拈来，这样在交际场上你就会料事如神，赢别人举重若轻。

（1）善用逻辑思维，透过对方的衣着仪表就可以判断对方的性格和生活环境等。

在交际中，人与人初次见面往往第一印象就是穿什么衣服，戴什么帽子等。高明的人，诸如大侦探福尔摩斯，那双眼睛就很毒，不管来人作何打扮，他都能将对方的身份、职业、爱好、生活习惯等一一介绍清楚，甚至还可以将对方最近几天的活动安排、在什么地方遭遇过什么事情都一一说出，好像对方是光着身子把所有的信息都写在身上一样。这样的人不仅厉害，甚至还有点可怕。事实上，人的衣着打扮是一种直观的重要的信息，可以将人的身份、职业、爱好、生活习惯等部分信息表露出来。当然，这种外在形式并不能直观反映，不可以进行最准确的判断。还要透过衣着仪表，判断其风度气质，并综合内外各种因素进行分析、判断，这样才能提高判断的准确度并得到有价值的信息。

（2）善用逻辑思维，观察人的表情推断对方的心理活动、性格、职业等。

表情是人心灵的“晴雨表”，注意观察这个晴雨表，你才会更容易发现别人心理活动的轨迹。通过这些心理活动的推测，还可以进一步观察和验证对方的性格特点、职业、爱好等。比如观察对方的面部表情，尤其是眼睛。各种各样的表情在面部都有反映：向往、喜悦、羡慕、回忆、愤怒、忧郁、痛苦、失望、沮丧、邪恶、贪婪，或多或少都会留下蛛丝马迹。眼睛的表达更为传神，即使人的不可名状的潜意识也能通过它表现出来。眼睛充分显示出人思想深处的喜悦或冷漠，是其他器官无法比拟的。其他的如声音、身体语言等，都可以作为逻辑推断的依据。说话声音的抑、扬、顿、挫，声调的高低变化和暗含的感情等，都是你我需要细致观察并进行逻辑推断的重要方面。

在社交场合，你和别人面对面地进行交流沟通，这就是一个运用逻辑思维的绝佳时机。学会察言观色，观看别人的表情、外貌等，然后应该进行仔细观察和深入思考，运用逻辑思维进行大胆判断，并在合适时机进行求证，这样我们就会渐渐成为一位社交场合的有心人，在交际场合中，你就能够应付自如，事事抢先一步，事事料敌机先，做事得心应手。

2. 运用逻辑思维，巧治家务事

古语有言，家和万事兴。家庭的和睦，家庭成员之间相亲相爱，彼此关系融洽，也有利于各自工作和事业的顺利发展。家庭是社会的细胞，家庭成员之间关系的和谐关系着整个社会大家庭的和谐大局。同时，家也是一个人最早成长的地方，家庭的和谐有助于孩子们健康成长，有利于孩子们健康性格的养成。

诚然，家庭关系的和睦与融洽并不是本来如此，如果不会保养和用心调和，恐怕这个家立马就会鸡犬不宁。家庭成员之间关系错综复杂，调和各种复杂关系也是一种需要用心去想、用脑去判断的思维过程，所以要用到一些逻辑思维的知识以供参考。如果不管不顾，遇到问题只会用脾气说话，用争吵和打骂来梳理的话，恐怕这个家永远没有太平的那一天。

家庭关系包括父母关系、子女关系、夫妻关系、婆媳关系、兄弟姐妹关系、妯娌关系、郎舅关系等，其中，最为基础的是夫妻关系、父母关系、子女关系，而在实际中，只要处理好这三种关系，基本上就可以保证家庭和睦，不会出现一些大问题。但是一旦这些关系出现问题，就要用点逻辑思维，想想怎样做才会调和家庭矛盾，保证家庭和睦，幸福快乐。

家庭不和睦症结所在

家庭不和睦首先集中出现在夫妻之间。夫妻矛盾是家庭关系中最突出、最集中的矛盾，也是影响家庭和谐的最主要原因。因为夫妻才是构成家庭的基础。夫妻关系出现裂痕，好比是支撑房屋的柱子有了裂缝，要是不注意及时修补，很快就会房倒人散。这就是逻辑思维中主要矛盾和次要矛盾的关系，解决主要矛盾，就会在这件事情的发展过程中起到相当重要的作用。

夫妻之间的矛盾和纠纷主要因经济问题引起，同时在其他问题上因为不善沟通不能相互理解而渐渐矛盾升级。夫妻之间由于日常生活中的意见不合而产生争吵，由于争吵，一些小事开始积累并逐渐变成大矛盾，随着矛盾的升级而产生肢体冲突，最后的结局就是离婚。

治家逻辑原则

首先，要学会换位思考。与换位思考相反的就是本位思考。这是两个对立的思考方式。本位思考就是我们会认为自己所做的每件事都是对的，都是无可厚非的，一旦家庭成员某一方的做法和观点与自己的相抵触，就要产生矛盾和争执。有时候为了证明自己的观点和想法是非常正确的、无可挑剔的，就要运用各种理由去否定对方。这样的情况，在家庭成员之间屡见不鲜，父母对儿女，夫妻双方，都会发生这样的情况。那么如果我们可以做到换位思考，就会想到妻子操持家务和照顾孩子何其不易，就会明白父母为了给自己营造好的生活环境而流血流汗何其不易，就会想到丈夫辛勤工作支撑这个家何其不易，这样家庭成员之间的关系也就相对融洽多了。

其次，在经济基础上建立和谐家庭。要保证主要家庭成员经济上独立，同时不要以经济上的优势去专断独行，搞独裁统治。子女不要过分依赖父母，不做啃老族；妻子不要把丈夫的钱管得太死不让有“私房钱”都是不对的，也不要自以为赚钱多，自以为是地处处打压他人等。家庭理财，需要有逻辑、有顺序地进行打理。既要有一个长期的统一的经济规划，实行专人保管，也要有一个短期的账户以供日常开销。大项开支共同计划，小项开支自由支配，这样长期与短期、大项与小项相互结合，才能把家庭财政管好。

再次，就要学会沟通，做到宽容。比如夫妻吵架很多都是从小事开始，但是小事往往都是导火索，一旦吵起来会无休无止，很伤感情。并且两人朝夕相处，彼此之间的了解在细节问题上开始进行拉锯战，往往很多事情掺杂在一起成为更为复杂的问题。这就和逻辑思维中量变质变的规律是一样的。从小事上开始争执，然后小争执小矛盾开始积累，最终量变引起质变，小矛盾演变成大矛盾，甚至无法调和。如果在相互沟通和交流上有些问题，就会影响了彼此的关系。所以夫妻之间、家人之间要相互传递信息，让对方知道发生了什么事情，彼此征求、表达意见，互相商量，互相谅解，相互宽容。

最后，在一些棘手问题上，要运用所学的逻辑思维，用发散思维或逆向思维等发动你的大脑进行思考，用些小计谋，成功谋变，为家庭成员之间的关系僵局成功破局。

（1）苦肉计

汉朝有一位贤者名叫缪彤。他很小父亲就死去了，所以兄弟几个在一起相互依靠着过活。可是后来他们各自娶了妻子，这些媳妇就想要分家产。每一次都闹得很凶，彼此争吵不休，场面很是难看。缪彤听见了心里凄凉叹息，于是就关了门。自己打着自己说道："缪彤呀缪彤，你修心修德，谨慎行为学习圣人的法则想要齐心治国，但是连自己的家庭也平息不了。"他的弟弟弟媳们听到了都很惭愧，就都在他的门外叩着头、谢了罪。从此以后，他们一家不再谈分家之事。这就是苦肉计，自己吃点苦头，却能让家人悔悟，苦肉计不失为一则妙计。

（2）动之以情

明朝时候，万历皇帝的进士陈世恩有一个游手好闲的小弟弟，这个小弟弟早出晚归，不学什么营生，让家人很是担心。陈世恩百般劝说，弟弟仍无动于衷。

于是陈世恩就改变策略，每夜亲自守着大门，不管寒暑雨雪都要等到弟弟回来了才肯罢休，弟弟回来后他又亲手下了锁。并且诚心问他的弟弟饿不饿，冷不冷。弟弟甚是惊讶，并且开始自省起来。这样过了好几夜后，他的弟弟就终于悔悟，开始一心向善了。

(3) 类比反讽

七步诗

曹植

煮豆持作羹，
漉豉以为汁。
萁在釜下燃，
豆在釜中泣。
本自同根生，
相煎何太急。

这首人尽皆知的《七步诗》就是类比反讽的绝佳例子。煮豆子正燃着豆秸，因煮熟豆子来做豆豉而使豆子渗出汁水。豆秸在锅下燃烧着，豆子正在锅里哭泣。原本就是同一条根上生长出来的，你为什么要这样紧紧逼迫呢?

相传，东汉枭雄曹操死后，曹植和他的哥哥曹丕竞争曹魏继承人的资格失败，曹丕忌惮曹植的文才和名气，于是想法要谋害弟弟。于是在一次宴会上，曹丕命令曹植在七步之内做一首诗，必须音律相称，对仗工整，否则就要严惩不贷。眼看这场鸿门宴已是凶多吉少，曹植却急中生智，文高八斗的曹子建用同根而生的豆来比喻同父共母的兄弟，用萁煎其豆来比喻同胞骨肉的哥哥残害弟弟，生动形象、深入浅出地反映了封建统治集团内部的残酷斗争。这首诗一出，满座皆惊，曹丕自知理亏，也只好作罢，放弃了迫害弟弟的念头。

3. 你厘清了思路，才能击败竞争对手

学生考试，要排名次，所有人都是竞争对手，可是第一名只有一个；同行做事，能够拿最高工资的也就那几个人，其他的即便不及，也在后边苦苦追赶；古时军阀混战，你死我活，最后能当皇帝的只能有一个，其他的人或者臣服，或者战死，因此所有人都在努力拼搏。要想自己地位稳固，就要认真研究自己的竞争对手，厘清思路，让自己的对手臣服自己，这样才会永远立于不败之地。

（1）立足根基，站稳脚跟

对刚刚踏入职业生活的我们来说，最要紧的不是别的，就是要立足根基，先站稳脚跟再做打算。

对于一个新的工作环境，任何人都是感觉陌生而好奇，所以要让自己尽快适应这里。和同事搞好关系，这是站稳脚跟的重要条件。如果对工作不熟悉，就要虚心请教，保持一个低姿态，不管你之前的身份如何，地位如何，在一个新环境里就要把自己当成一个新人，一张白纸。此外，对于新来的竞争对手，办公室的其他人一般都有些许的轻蔑和敌对情绪，所以这时候你要一方面保持谦虚的姿态，另一方面要迅速了解新的工作环境，对同事们的各自特点、爱好、脾气有一个

全面的认识，为以后的合作打好基础。

熟悉一个新的工作环境，要先了解这里的“阶级成分”，并按照资历能力等给这里的同事“论资排辈”，根据公司内的职责大小和能力高低，我们要确定公司内部谁是元老，谁是能力者，谁有决策权，谁有和老板直接对话的权力，并且要设法跟公司的元老和强者取得有效的沟通，学会借鉴他们的丰富的工作经验并且始终保持一种低姿态，以前辈之礼相待。

一旦公司的元老如果能看重你，那么你在公司的前途就更加明亮了。因为公司的元老在公司里有着举足轻重的影响力，他若看重你的才能或是愿意提携你，那么就会为你在公司站稳脚跟并且得到进一步的提升奠定重要基础。只要你有拼劲肯干勤学，并且有着真才实学，机会一到，自能一跃而起扶摇直上。

如果你的态度不够虚心甚至缺乏耐心，在学习和适应过程中就会被公司的元老等责骂，受到无尽的白眼待遇。不经心，犯了一点错误，更容易招致不满的批评。万一你再有一个暴脾气，别人说你两句就如火山爆发一样和对方顶起来，那么不好意思，甭说击败一办公室的竞争对手了，你恐怕立马就要卷铺盖走人了。

所以，新人一般要学会审时度势，看清形势和周围的人的性格特点、职位、工作方式等，运用你的逻辑思维，不要盲目，不要急躁，给自己一个合适的定位，然后按照这个定位打造与自己的身份地位相符的说话方式和工作方式，并且还要认真修正自己的态度。熟悉工作，熟悉环境，遇到特殊情况能忍就忍，等到对工作和环境熟悉了，并且和同事之间的合作和相处没有问题的时候，你的职场入门之旅就这样顺利结束了，接下来，就要想一想怎样能够更好地表现自己，如何发挥自己的长处来脱颖而出了。

（2）扬长避短，寻找对手的软肋

每个人都会遇到自己的天生对手。这就好比是情侣一样，对手似乎也是天生注定一样，不管你的道路怎样走过来，终究要遇到你注定要面对的那个人。面对你的对手，一方面我们要分析自己对手的优势，做到知己知彼百战不殆，同时也要找到自己的优势和劣势，对手有优势，分析自己的优势，并将他们进行排序，并做到强化自己的优势，想方设法让这样的优势更加突出，并且学习竞争对手的主要优势，让这些优势转变为自己的优势。并且找到自己和对手的弱势，将自己的优势更加优化，把自己的弱势想方设法地进行强化，甚至变成自己的优势，这样此消彼长，你距离打败对手就更近了。这就是运用逻辑思维，有条理地理性分析自己，认识自己和对手，并且扬长补短，避实击虚，找到对手的软肋，最终成就自己的成功。

梅西和C罗，这是当今足坛最赫赫有名的足球运动员。梅西来自传统足球强国阿根廷，他个头不高，只有1.69米，刚出道时性格腼腆内向，体格薄弱，但是天生坚韧不屈，拥有极强的足球运动天赋，在盘带、过人、射门等方面超出常人，让许多同行惊为天人。相比之下，C罗显得更为全面。同样来自足球天才辈出的足球强国，葡萄牙人更为全面，身高1.85米，身体强壮，脚下技术好，带球速度极快，善于突破和射门，任意球、远射等均超出常人，拥有强悍的身体素质，技术非常全面。两人的年龄相差不过两岁，出道时间和自己在国内和所在俱乐部的地位相同，而媒体的各种追捧和贬斥也让两人迅速成为足坛两大新的标杆，彼此之间的竞争渐渐进入了白热化状态。

一开始，C 罗在两人的竞争中占据绝对优势。出色的身体条件和快速的突破等让他名声大噪，并且在 18 岁时以高达 1200 万英镑的身价转会曼联，而 1200 万英镑转会费已创下当时青年转会费的纪录。之后他获得了更好更高的平台，和前辈学习，逐渐强化了自己的射门力量和任意球技术，他的电梯任意球诡异霸道，力量十足，成为他边路突破、头球的另一个破门利器。最终 C 罗凭借自己的出色发挥，在 2008 年度，他率队获得欧洲冠军联赛冠军和英超联赛冠军，并囊括了当年的金球奖、世界足球先生、欧洲金靴奖三项足坛顶级个人荣誉。

而梅西相比逊色不少，身体瘦弱的他对抗不足，同时在球场上曾经大伤，休战了好几个月。而在俱乐部的荣誉上，梅西一直都没有超越 2008 年的 C 罗。但是梅西在伤愈之后，主动锻炼自己的身体力量和肌肉，增强身体对抗的成功率，严格控制饮食，并且努力弥补自己的不足，左脚将的他在训练和比赛中不断尝试用右脚射门和传球，同时在任意球方面也利用自己的天赋和技术，练出了一种旋转极快、有弧线的任意球打法，甚至在头球方面也有所进步，终于在 2009 年，在代表足球最高竞技水平的欧冠赛场上，这一对冤家再次相遇。这一次梅西不仅表现更为突出，甚至利用了 C 罗更为擅长的头球攻破了 C 罗领衔的曼联球队的球门，获得了当年的冠军。自此之后开启了新一代的巴萨王朝。而梅西也超越了 C 罗，成为新一代的足球第一人。当然，两人之间的竞争还远没有结束，而他们之间相互取长补短、相互学习的事例也成为更多喜欢足球的人的典范。

认清对手，分析对手，向对手学习，厘清思路，最后击败对手。

4. 在逻辑推理面前，谎言是无处可藏的

谎言，在人际交往中随处可见。有学者考证说，世人平均每天要说谎 25 次。有些人说自己从来不说谎，这句话本身就是谎言。事实上，说谎也是要运用逻辑思维的脑力活，谎话越是严丝合缝没有破绽，其逻辑思维就越严谨经得起一般的推敲。不过谎言毕竟是谎言，在事实面前和逻辑思维的拷问下，终究要露出狐狸尾巴。

谎言的逻辑

说谎话的人在说谎的时候会利用当时的环境选择不同的逻辑方法来编织谎言。

说谎的人会歪曲事实扭转真实形象。说谎的人会揣摸被骗者的心思，根据被骗者的心理需求而用片面的语言表现出来。譬如封建时代，君王最忌讳的就是臣子谋反，所以那些功高震主的大臣时时刻刻战战兢兢，唯恐被皇帝用各种名义把自己杀掉。西汉时代平定七王之乱的周亚夫就是一个例子，他是开国英雄周勃的后人，在平定七王之乱后

声威日振，本来已经年事已高，所以他的儿子便准备极少数的兵器装备用来给他陪葬。这时候有人就向皇上进了谗言，说周家私藏兵器铠甲，这就给了皇帝一个极佳的机会，不用多久，周亚夫就被折腾死了。历史上许多屠戮功臣的皇帝用的方法虽然五花八门，但是实质上也就是歪曲事实、诬陷谋害。

也有的人会乱套概念，乱扣帽子，为了达到某个目的，将本不是事件的关键部分套换其他概念，将本来不是这个方面的事情用在这个方面，从而歪曲概念事实，这种方法打击面广，而且影响深远，流毒无穷。也有人会打乱因果关系，用原因推测结果，在推测的过程中改变方向从而达到自己的意图。也有人在推测的过程中将人带入死胡同，然后给被骗者出选择题，要不就是这样的，要不就是那样的，没有别的可能了。这种方法对于那些视线狭窄、考虑不全面的人十分奏效。因为他们本身就不知道有其他选择，最后也只有落入说谎者的圈套中了。

说谎者的逻辑其实也是逻辑思维中的各种谬误和诡辩的法则，这在第三章的全面学习时会再次研究。

说谎者的破绽

这世上没有天衣无缝的谎言，所有的谎言基石编得再精巧，也经不起事实的推敲，总归是有破绽的。判断一个人是否在说谎，最重要的是观察和推理。除了上述的逻辑谬误之外，可以再从对方的身份、职业等基本条件去分析对方说话的动机，并且结合动机来推理对方所说的有多少是真有多少是假。当然，这些需要你有大量的经验和常识，并且还要有一个机警的防护意识，先质疑对方的身份和处境，对不符合常识、自相矛盾的身份和处境引起足够的重视，并且探究对方说话的动机是否为真实动机，真实动机又是什么。

此外，还可以从说谎者的表达、表情、动作、神态等方面细致观察，发现说谎者撒谎时的细微表情和动作。

言语间的细节观察

如果说话者声量和声调突变，声音不自觉地拔高，那么请注意了，这些细节有可能提示你对方在说谎或是故意隐瞒什么事实。说谎时，人的音调会不自觉地升高，借以掩饰其内心的恐惧或慌张。

此外，谎话连篇的人在言语间不会提及自身及相关人员的姓名。著名的心理学家韦斯曼说："人们在说谎时内心极度不舒服，他们的自我保护本能会帮助自己从谎言中逃脱出来，不会提到自己和朋友的名字，在语言里省略'我'，将自己排除在外。"

当说谎者说到数字时也会出现漏洞。因为数字是精准、确切的标志，即便是约数、概数也有这样的心理暗示。一些自己最熟悉、最容易想到的数字往往会泄露自己的真实信息，所以说谎者在涉及数字时要么回避，要么含糊。

说谎者的表情动作

说谎的人心里多少会有些慌张。这种慌张会不经意地表现在外表、神情、动作等，除非面瘫、经过非常规特训等。

美国心理学教授考恩在这方面提出了这样的看法："真正的微笑是均匀的，在面部的两边是对称的，它来得快，但消失得慢。"而不自然的或是假装的笑容生成缓慢，并且面部肌肉的动作有些轻微的不均衡，这是因为谎言的不真实与笑容不能形成互动，无法让人的脸部所有肌肉被充分调动，笑容只是浮于表面而已。

注意说谎者的微表情。著名的刑侦电视剧《读心专家》里面就有许多关于如何利用微表情辅助破案的事例。微表情不易察觉，真实而且来去匆匆，闪现时间极短，不过几秒钟而已，而且微表情真实，具有相当重要的参考价值。

还记得那个说谎话鼻子就变大、变长的匹诺曹吗？他本来是一个木偶，一说谎话鼻子就会变得老长。事实上，人在说谎时鼻子会变大是真实的，人在说谎时多余的血液会流到脸上。而鼻子里的毛细血管发达，这样人的鼻子会膨胀几毫米。说谎者会觉得鼻子不舒服，会不经意地摸自己的鼻子。当然，并非只有鼻子，有的人会摆弄手指，有的人会下意识地抚摸身体其他部位。这些小动作也是为了掩饰自己内心的慌张，却不想因为这多余的动作而暴露了自己。

眼睛也是鉴谎仪。有的人说谎会刻意回避别人的眼睛，有的人说谎时眼睛不敢直视别人的眼睛（性格内向、不善交流的人也是这样），眼睛看向别处。当然，这个方法很多人知道，所以高明的撒谎者会专注地盯着你的眼睛，可是因为眼里的瞳孔膨胀而乏力，这个时候会不停地眨眼，这也是撒谎的一个表现。

5. 你稍加推理就能识破对方

人有好坏，好人要与他好好相处，相互取长补短；坏人就要小心谨慎，处处防范。可是道高一尺魔高一丈，往往好人在明坏人在暗，坏人的手段更隐蔽、更高明，所以我们要小心应对，不可大意。

楚汉相争，具有决定性的事件之一就是明修栈道，暗度陈仓。刘邦得到了汉中、巴、蜀之地，但是“蜀道难”，地区经济不发达，交通不便，而且远离中原，无法争夺天下。刘邦听了张良的计策，全部烧毁入蜀的栈道，以示无意东顾，在消除了项羽的猜忌之后，又在养精蓄锐，等待时机，积极休整。同年八月，刘邦新任命的大将军韩信暗度陈仓，从侧面出其不意地进军三秦之地，一举打败了雍王章邯、塞王司马欣和翟王董翳，一举平定三秦，夺取了关中宝地。由此刘邦倚仗富饶、形胜的关中沃土，得到了可以和项羽逐鹿天下的重要后方。这就是明修栈道，暗度陈仓的典故。

双方对峙的时候，坏人会故意掩饰自己的真实意图，用假的表象吸引别人的注意，暗地里却积极进行另一个计划，这种伎俩常能奏效，让好人吃亏，并且到后来明知道自己吃亏了，却不能惩罚坏人，即便是自己有理却无法为自己讨回公道。当然，这和人的思维方法也有紧密的联系。因为人的思维是多变的，如果你的思维是单一性的思维方式，就容易产生片面性和直线性。这种直线性思维很容易产生片面性的观点，这样的后果就是把事物简单化、直线化，不考虑事物的复杂性。这样的话，也就很容易中计了。

事实上这种方法好人可用，坏人也会用。好人用了办好事，坏人用了好人遭殃。所以，用逻辑思维打开你的头脑，即便是不能打败坏人，也能力求自保，不会占理不占优。

当今时代，社会上鱼龙混杂，什么坏人什么诈术都有。在日常生活之中，坏人会以伪装假象掩盖事实真相，使人误以假为真，从而达到骗人的目的。有人自己打断腿脚，故意往人车轱辘下滚，碰瓷已经是许多有车人士的噩梦；有人乔装打扮，扮乞丐，到处“行乞”；有人以“行善”为幌子，行医卖假药；有人打着推销化妆品的幌子，故意让人闻有毒物品把人毒晕，妄行不轨；有人伪装结婚梦想出国……种种伪装，不一而足。唯有拥有一双智慧的眼睛，识破敌人的假象和伪装，才能少吃亏、少上当。

欺诈者往往用有诱惑力的实物等为诱饵，使你对他所言信以为真，甚至还有可能先让你得到一点实惠，吊住你的胃口，让你觉得后面有利可图，于是就神不知鬼不觉地走入了圈套。等你察觉出来，对方也不会认账，最后倒霉的你也只能自己认栽。

小梁是一个老实巴交的人，但是却有一个贪财的毛病。有一天，他去市场淘货，却发现市场门口围着一群人挺热闹。小梁上前一看，原来是某厂家甩货搞活动，现场抽奖，一等奖是一个价值 1000 元的电饭锅，二等奖是以 200 元换购按摩仪，而三等奖和四等奖都是抽中之后加一块钱就送两桶油或是其他日用品。小梁当时心里一痒，也想试试，可是他听说最近骗子挺多，就观察观察。可是看到不少人都是只抽到三等奖或是四等奖，纷纷惋惜不已的场景，心里更痒痒了，他想：如果我能抽到一等奖，那可比他们强多了，再不济，掏一块钱拿两桶油回去也挺好。他刚一上前，就有一个小伙子顺手递给他一个奖券，小梁一刮，是二等奖。再一看，那个按摩仪并不算太名贵，根本不值 200 元，小梁心里咯噔一下，完了，这下上当了，刚想假装打电话闪人，迎面就来了三四个彪形大汉给架了回去，最后，双拳难敌四手，明知对方欺诈，但是也是有理没法说，只能乖乖地掏出 200 元钱买了那个按摩仪。事后小梁心里憋着一肚子气，越想越不对劲，于是在路过一个垃圾场时，将那个按摩仪扔掉了。

如果不用心观察，不懂逻辑，不动脑子，看到有利可图就奋不顾身，恐怕迟早要吃亏。就算事后悔悟，已然来不及了。

第三章

认识逻辑思维，世界会变得更精彩

很多人没有意识到逻辑思维对其有何影响，是因为他们根本不知道逻辑思维为何物，更不知道逻辑思维其实时时刻刻地影响着其生活的每一个角落。其实，我们认识了逻辑思维，将会发现世界非常精彩，而具备了逻辑思维，将会让我们更好地享受世界的精彩。

1. 你好，我叫逻辑思维

说了这么多，逻辑思维到底是什么？现在，有请逻辑思维做一个自我介绍吧。

你好，我叫逻辑思维。

简单地说，我就是逻辑 + 思维，就是有逻辑的思维方式。这句话说起来简单，但是详细解说的话，恐怕说上三天三夜也说不完。因为我并不是一个单一的学科，我的研究方向和理论方向就像一棵枝繁叶茂的大树一样，纵横交错的粗壮的枝干彼此互相关联，而枝干的末端有着数不清的叶片包罗着生活的方方面面。

具体来说，逻辑就是事情的因果规律，是事物完成的序列，事物流动的顺序和规则，是事物相互交换或传递信息并得以互动的过程。逻辑一词源于古典希腊语（logos），最初的意思是“词语”或“言语”，最早将“逻辑”引入我国的是严复。这位清末开眼看世界的大才子在 1902 年翻译了一本名为《穆勒名学》的书，而后取音译为逻辑。

逻辑和逻辑思维的相关研究已经持续了一百多年了，但是，还是有很多人对此非常陌生，因为在日常生活中与逻辑正面打交道的机会着实不多，但是很多时候我们却不知不觉地在学习逻辑，使用逻辑思维为自己做事，所以，逻辑和逻辑思维对我们来说就是最熟悉的陌生人。

学习逻辑和逻辑思维有什么好处？

可以为人们探求新知识提供必要的思维工具，在知识的新大陆上可以随心所欲、“为所欲为”。

学习逻辑思维，就可以按照逻辑做事，将原本低下的效率迅速提升；让你的语言表达简洁明了；让你的思维逻辑性更强，遇事就不会随着别人的思路走。

此外，它还有助于我们准确地、严密地表达和论证思想；有助于我们反驳谬误，揭露诡辩；有利于我们学习、理解和掌握其他的科学知识。

为什么说学习逻辑思维会有这么多强大的作用？因为逻辑思维的作用区域在人的大脑。大脑里有着这个世界上最宝贵的东西，那就是思维。思维是人脑的机能，是人脑对于客观世界的反映，属于人们认识过程中的理性认识阶段。学习逻辑，让我们的大脑拥有逻辑思维，这就好比给一个国家配备了最新的核弹原子弹技术，让这个国家的综合影响力、国威等迅速得以提升，从而在政治、外交、军事等方面拥有更为强大的影响力。

逻辑思维就是对客观事物的内在、本质的认识，是认识的高级阶段，它是在大量的感性材料基础上，进行由此及彼、由表及里、去粗取精、去伪存真的加工制作的结果。在逻辑思维的研究领域里，概念、判断、推理是逻辑思维研究的基础内容和主要方面。

什么是概念？

很多人对于这个问题会嗤之以鼻："这个问题太简单了，我根本不屑一答。"可是真要让那些嗤之以鼻的人来回答，恐怕给他一分钟，甚至是十分钟都不一定能迅速、准确地回答出概念的定义。因为在逻辑学中，越是简单、越是基础的东西越难以回答。即便是最著名的逻辑学家给出的答案也不一定能服众。本书所给的概念的定义是：人类在认识过程中，由感性到理性的升华过程中，人类对认识对象的本质所做出的一种抽象概括。概念反映某一物质特有属性或本质属性的思维形式，它是思维的起点、思维的细胞，是组成判断的要素。概念种类繁多，按照不同分类方法可以分成不同的概念类型。

如果是概括简单的事物，可以分为单独概念和普遍概念两种。单独概念反映某一个单独对象，如长江、长城等；而普遍概念则常常反映同一类对象的定义，如英雄、山脉、国家等。也可以按照感情色彩等划分为正概念和负概念，正概念所反映的都是具有正能量或是正面的属性，如健康、正义等；而负概念就是如不正义、不健康之类的。

判断是对思维对象所做的评定、议论等思维形式，判断与概念的关系是树枝与树叶的关系，判断是概念结合之后的另一产物，同时也需要概念的辅佐进行展开，同时判断又是构成推理的要素。判断必须对人的思维对象发表某种论定，在论定中须包含人的立场或态度。比如，张三是一个好人。判断具有两个最基本的特征：第一，具有断定性，不是对思维对象进行肯定就是对思维对象进行否定。第二，判断有真假性，一个判断不是真的，就是假的。判断按照类型还可以细分得更多，如简单判断、复合判断；必然判断，可能判断。

推理是由一个或几个已知的判断因素进行综合加工，推出一个新判断的思维形式。它是思维最主要的形式。所以，在以后的篇章里，关于推理的内容的介绍还有更详细的内容。

什么是思维的基本规律?

思维的基本规律，就是正确地运用概念、判断、推理等思维形式规律，包括同一律、矛盾律、排中律和充足理由律等。这些基本规律就好比人类社会的法律一样，具有某种约束力。但是思维的基本规律和法律的效力也不一样。思维的基本规律是思维世界里自我运转的某种特质的综合或是自身性质的总结，但是并不具有强制性的作用，违反这种基本规律的现象和思维也是存在的。只是如果违反这种规律，就会形成逻辑思维的谬误或是悖论，以及逻辑陷阱等。

第一，同一律。

同一律是关于思维自身确定性的规律。同一律的简单说明就是人的思想要保持自身的同一，好比一头驴只能是一头驴，不能既是驴又是骡子。一个思想是什么，就是什么，不能与不同的思想搅在一起。

第二，矛盾律。

矛盾律要求人的思维保持一贯统一的规律，它要求在两个不能同真的思想中不能认为二者都是真的，必须承认其中至少有一个是假的。如：“一个人不能两次踏进同一条河流。”这句话是符合矛盾律的。如果说一个人可以在某一时间段踏进这条河流，并且可以在同一时间再次踏进这条河流就违背了事实，两者自相矛盾。还有一个更经典的例子，就是出自《韩非子》自相矛盾的寓言故事：有一个楚国人卖矛又卖盾，说他的盾坚固得很，随便用什么矛都戳不穿；又说他的矛锐利得很，随便什么盾都戳得穿。这两个说法至少有一个是假的，否则就会犯自相矛盾的错误。所以，当路人问："用你的矛刺你的盾会怎么样"时，此人便无以对答了。

第三，排中律。

排中律要求在同一思维过程中，两个相互否定的思想必有一个是真的。不然就会经常犯"模棱两可"的逻辑错误。比如说，项羽既不承认自己的智慧能力不足，也不承认是刘邦的用人有道等原因获得最后的胜利，最后只有在临死前归咎于天。这就是违反了排中律的思维。

第四，充足理由律。

充足理由律相对比较好懂一些。就是说要确定一个思想为真，必须有充足的理由来佐证。如项羽临死前的那句话："天亡我，非用兵之罪也!"就是违反了充足理由律的例子。

2. 用逻辑视角观察，可开启智力的新世界

生活中处处藏着智慧，处处都可以探寻到逻辑思维的智慧光芒。用逻辑思维的视角去观察、去学习，我们就可以发现许多似曾相识却

茫然不知的现象，就可以发现许多新奇并且开动大脑智力的新世界。

《隐藏的拿破仑》——视觉和构图的逻辑思维碰撞

拿破仑·波拿巴，法国著名的军事家、政治家和法兰西第一帝国皇帝。他出生在科西嘉岛的一个没落的贵族家庭，而后凭借着出众的军事天赋和政治手腕，逐渐成为法国最高的掌权者，并在法国建立了法兰西帝国，且占领了欧洲的大面积土地。最后因为军事失利等诸多原因被反法联盟打败，被迫退位流放海外荒岛。虽然后来他再次回到巴黎，但是最终没能出现奇迹，这次英国很不客气地把拿破仑流放到大西洋的圣赫勒拿岛。1821 年，拿破仑病逝于圣赫勒拿岛。1840 年，他的灵柩被迎回法国巴黎，并隆重安葬在法国塞纳河畔的巴黎荣军院。

当然，拿破仑是一个了不起的英雄，他在推动欧洲资产阶级革命的进程上功不可没，但是这位军事天才和政治高手却不是我们本书研究的对象，真正能让大家在逻辑思维世界里惊讶不已的，不是我们的拿破仑先生，而是一幅名为“隐藏的拿破仑”的图片。据说这张图在拿破仑死后不久就出现了，这幅画巧妙地将拿破仑的画像融入画中的两棵大树的树干中，如果不细心观察，在图片表面是看不到拿破仑的。这幅画的作者在绘画结构上巧妙地利用了两棵大树的构图，借助两树的内侧树干勾勒出了站立的拿破仑像。

为什么会这样？这是因为我们的视线一般都关注在有光的明亮区域内，而我们的视觉传递的信息也给我们的思维一个直接的信息，从而在第一印象里，许多人只是看到了两棵大树和一片海。但是更多的人通过逻辑思维进行全面的分析，会直接影响到他们的视觉触角，所以，对于这幅非常有意思的《隐藏的拿破仑》，他们一眼就能看出“隐藏”二字的玄机所在，并且在整体性思维框架里发现两棵树干之间的阴影部分另有玄机，那不就是拿破仑戴着帽子、若有所思地看向大海的远方的身影吗？这样的绘画构思甚至更让人觉得意犹未尽，引发更多的思考和唏嘘。除了绘画之外，现代艺术中的摄影也出现了“错觉摄影”这一新颖的摄影分类。这种摄影所采用的技术方法就是在现实和传统的基础上以格式塔、错觉心理学的原理进行创作。利用人的思维局限性在摄影里通过摆置设局，自己制造所要拍的场景或是在一个特殊的视点进行拍摄来质疑现实，探讨视觉语言的多边性等。这些看似和逻辑思维无关的东西其实和逻辑以及逻辑思维都有很多的关联。正是有人类的线性逻辑思维的存在，这些错位摄影才有更广阔的逻辑市场，让更为奇妙、新奇的事物进入我们的大脑中，成为新一代的逻辑思维的艺术杰作。

逻辑思维就是要拨开层层云雾，让更多、更新的东西出现在我们眼前，让我们发现以前没有发现的东西，让颠覆、新颖、侧面等视角成为思维海洋里更广阔、更新颖的思维触角，为我们发现新的逻辑大陆！

货币幻觉

逻辑思维在日常生活中的应用广泛而作用巨大。近期国家经济的发展也在影响着人们日常的理财和消费。而生活中各种物品价格的上涨或是下降也考验着人们自身的理财能力和逻辑思维能力。为此，早在 1928 年，美国经济学家欧文费雪就提出了“货币幻觉”。他认为，在不同的货币政策下的人们只是对货币的名义价值做出反应，而忽视其实际购买力变化的一种心理错觉。实际上，更多研究经济学的专家都知道，经济和日常的消费理财息息相关，并且复杂多变的经济形式和经济规律也在考验着老百姓是否具备成熟的逻辑分析、推理能力，在抽象的经济问题上可以抓住实质，这样才不会因为处处碰壁而心灰意冷，从而拒绝理财。欧文费雪告诉人们，理财的时候不应该只把眼睛盯在哪种商品价格降或是升了，花的钱多了还是少了，而应把我们的思维方向定在研究我们的钱的购买能力、钱的潜在价值还有汇率、利息的变动与货币的购买力的关系等方面，只有这样，才能真正做到精打细算，用逻辑思维组建自己的理财王国，花多少钱办多少事心里有数，这样的话，不管金融世界如何腥风血雨，我们的钱依然会保值。否则，在“货币幻觉”的影响下，我们的思维会发生偏转，最后的结局就是“如意算盘”打到最后却发现自己最终还是赔了。

白马非马

逻辑思维带给我们的，还有另外一种世界——黑白颠倒的世界。在秦朝末年，太监赵高想要造反，于是就在朝堂上指着一头鹿对着秦朝君臣说，这是一匹马。当时可谓满朝骇然，有的说对，是马，有的说不对，这本来就是一头鹿。不过说是马的人还是占多数。后来没过多久，说是鹿的大臣都被赵高想方设法地害死了。这就是指鹿为马的故事。赵高颠倒是非用的是权术，许多人迫于其淫威而违心承认鹿是马。但是这种手法卑劣不堪，不值一提。真正的逻辑学家会让人心悦诚服地承认鹿不是鹿，马不是马。而这个人就是战国时期的公孙龙。

公孙龙，传说字子秉，战国时期赵国人，曾经做过平原君的门客，是名家的代表人物，他的主要著作为《公孙龙子》，他的最著名的代表作就是《白马论》和《坚白论》，并提出了“白马非马”和“离坚白”等论点，其中“白马非马”就是其最著名的逻辑命题。

相传有一天，公孙龙骑着一匹白马要进城，但是被城门守吏拦住，并说按照规定，马不可以进城。于是公孙龙利用自己的三寸不烂之舌“胡搅蛮缠”，硬说白马非马，最后还真说服了守城官，于是他就骑着他的白马进城去了。

“白马非马”，可乎？曰：“可。”曰：“何哉？”曰：“马者，所以命形也；白者，所以命色也。命色者非命形也。故曰：‘白马非马’。”曰：“有白马不可谓无马也。不可谓无马者，非马也？有白马为有马，白之，非马何也？”曰：“求马，黄、黑马皆可致；求白马，黄、黑马不可致。使白马乃马也，是所求一也。所求一者，白者不异马也。所求不异，如黄、黑马有可有不可，何也？可与不可，其相非明。故黄、黑马一也，而可以应有马，而不可以应有白马，是白马之非马，审矣！”

简单地说，公孙龙并没有从其他角度说白马的血统、品种之类的不同，而是从逻辑学中的“个别”和“一般”之间的相互关系中提取自己所需，然后再割断二者的联系，是一种形而上学的思想体系。他认为“马”指的是马的形态，“白马”指的是马的颜色，而形态不等于颜色，所以白马不是马。于是，城门守吏百口莫辩，只能放行。

可以说，从“白马是马”到“白马非马”，是逻辑思维从低级阶段飞跃到一个高级阶段的论辩过程。虽然这是一种诡辩，但是，如果能够掌握好这种方法，既可以防止别人以此来混淆视听，又可以在适当场合中调剂气氛。当然不能以此作恶，因为这种诡辩术对于聪明人来说，其逻辑的严谨性禁不起太多的推敲。

3. 逻辑思维在生活中有妙用

前面几个章节中我们对于逻辑思维做了很多介绍，那么，很多人或许很想问，逻辑思维这样奇妙高深，在日常生活中为何找不到它的影子呢？

其实，这样说就曲解了这本书要传达的本意。逻辑思维并非高深莫测，不是只有那些科学家、艺术家等需要大量脑力活动的人才需要逻辑思维，我们普通人也需要学逻辑思维，我们每天都在和逻辑思维打交道，而逻辑思维也在生活的方方面面发挥着它不可取代的奇妙作用。

逻辑思维无处不在，并且巧妙地作用于我们生活的方方面面，在某种程度上，逻辑思维就是我们人生的助推器。

工作不顺心老板不赏识，客户说话咄咄逼人没法沟通，朋友经常拿自己开涮却不知怎么还击，昨天的任务还没做完今天的活儿又压了过来，种种生活上的不顺心已经成为一种常态，许多人疲于应对。造成这种生活困局的原因千奇百怪，不一而足。而解决的方法却没有人能给你列出长长的清单。这个时候，不妨静下心来，仔细想想，捋一捋思路，用刚刚学会的逻辑思维方法仔细地分析一下，然后闭上眼睛，在大脑中再过一遍，说不定你就会恍然大悟：啊，原来错在这里。呵呵，其实本可以不用这样的，也许还有更好的方法……逻辑思维并非万能钥匙，而且逻辑思维在处理某些事情上，比如情绪、爱情等，并没有百发百中的精准率，但是掌握一定的逻辑思维可以教会你客观地、富有条理地与人对话，提升自己的沟通能力、办事能力、说服能力以及决策能力等。

有一个很久的故事。但是这个故事对于解读逻辑思维在日常生活中的妙用很有帮助。老汤姆是美国某地一个刚退休的老人，他在工作了30年的一个小城里有一套不错的二层小楼，房子前面是一块面积不小的草坪，看起来景色宜人。他希望可以在这里宁静地度过自己的晚年，远离喧嚣的城市和拥挤的街道。一开始还不错，一切都很好，有好几个星期没人来打扰，安静的环境让他觉得很舒服。老汤姆很满意。但是终于有一天，一群半大不小的男孩子开始打破这里的平静。他们一放学就来这里玩，踢着一只破皮球，搞得很热闹，并且他们玩起来太热闹，老人实在受不了这些噪声，但是这些孩子的家长也没有办法，只能任凭他们到处疯玩。老汤姆应该怎么做呢？拿起棍棒驱赶他们、报警还是忍气吞声？

假如一：

老汤姆开始并没有太在意，所以对这些孩子也就听之任之，他们总要回家的对吧。于是他尽量不出现在这些孩子面前，对他们的胡闹也不愿过多地管束。可是这些小坏蛋好像看准了老汤姆拿他们没办法，于是想尽办法祸害这里的草坪、花树甚至是垃圾桶。他们在这里野营、点火，踢翻垃圾桶，最后还在老汤姆的门上乱画，老汤姆终于忍无可忍，他拿出家里的长木棍，一次又一次地驱赶他们，但是这些孩子变得越来越“强大”，每一次被驱赶后都会很快地卷土重来，最后老汤姆报了警，可是警察来了也没有用，为此他日夜难安，终于，有一天病倒在门口。后来老汤姆恨透了这个地方，他放火烧了草坪，把房子低价处理掉了，但是，他晚年的生活也就此毁了。

假如二：

汤姆并不是一个只会发脾气或是只会忍气吞声的人，他原来是所在企业的工会主席，他人老心不老，对付这些孩子，更多的还是要用脑子。运用自己的逻辑思维，经过慎重推理之后，汤姆终于决定要采取措施。于是他出去跟年轻人谈判。“你们玩得真开心，”他说，“我很喜欢看你们踢球，如果你们每天来这儿玩，我给你们每人发 1 美元并且还有饼干吃。”小伙子们很高兴，更加起劲地表演起来。第二天他们来得更早。不过汤姆却面带忧愁地说：“不好意思，我的收入因为金融风暴减少了一半，从明天起，我只能给你们 50 美分。”

孩子们心里不太愿意，不过还是答应了这个条件。可是他们玩起来并没有以前那样高兴，最后走得也很早。老汤姆心里一阵得意。一个星期后，他愁眉苦脸地对他们说：“最近企业不景气，我的养老金还没有发，对不起，每天只能给 1 美分了。”

"1 美分!"一个小家伙脸红脖子粗地发怒了,"我们才不会为了区区 1 美分而浪费宝贵的时间为你表演踢球呢,太欺负人了。"说罢,扔下足球恨恨而去。其他孩子也随声附和,随即离开。从此以后,这些孩子再也没有来过,老人又过上了安静的日子。

老汤姆发动脑筋,运用创造性思维,采用"曲线救国"的方式,偷换概念,偷梁换柱,利用孩子们调皮、幼稚、淘气的特点,转换一个解决问题的思路,将原本是侵入者和欺负人的坏孩子转变角色,变成了"受害人"并坚决地拒绝了再为老人表演的要求,这恰好帮了老汤姆一把,挽救了他或许被毁掉的晚年生活。

逻辑思维具有多样性,包括正向思维、逆向思维、横向思维、发散思维等。运用正确的逻辑思维进行推理,并且分析现状找到问题所在,有针对性地选用解决方法,问题也就迎刃而解,甚至比常规方式更省力、更省心。不同的思维方式具有不同的特点,而且不同的人还有不同的思维习惯,习惯决定行为,行为决定性格,性格决定命运。换句话说,思维决定命运。由此可见,思维的作用有多大,而学会运用逻辑思维的作用有多大!用好逻辑思维,正如羽扇纶巾的诸葛亮,凝神冷静推断的福尔摩斯,捻须笑看天下的刘伯温一样,运筹帷幄,三言两语化解一场危机,不用大费周章就能搞定生活的一件琐事,不管大事小事,会用逻辑思维,妙不可言!

4. 越聪明的人越重视逻辑思维

聪明人善于运用逻辑思维。逻辑思维是大脑的体操，多运用逻辑思维，就是在锻炼自己的大脑，用逻辑思维解决实际生活中的一些问题，可以达到抽丝剥茧、豁然开朗的效果。

逻辑思维中，有一种思维方式经常被人用到，那就是逆向思维。逆向思维是逻辑思维的一种，它的特点就是与常规思维相反，反其道而行，这样往往能打破常规，创造出令人惊叹的奇妙效果。在生活中，逆向思维有意想不到的作用，所以学会并灵活运用逆向思维是多么重要呀！

这里就有一个运用逻辑思维成功“逆袭”的故事。美国南北战争后，国内经济发展迅速，各地也兴起了修铁路的热潮。美国的工程师们奔赴各地的施工现场，加入铁路修建的大军中。美国西部多山，修建铁路需要钻挖隧道。当时隧道的挖掘用的是传统的老方法。主要是先挖洞，挖好一截之后再栽木桩加固支撑住洞壁，等洞壁稳固后再继续挖，挖好之后再用木桩支撑洞壁，这样一段一段地挖了再植木桩，植木桩后再挖，不仅耗时耗力，而且安全性也不高。

碰上土质疏松的地段，一旦出现事故，轻则塌方白忙活，重则会有人员伤亡。这个问题困扰着许多优秀的工程师们，于是就有人开动脑筋，想要解决这个问题。有一位工程师就提出了这样一个想法。他提出要将原有的挖掘思路推翻并倒过来想，先固定洞壁，然后再挖洞。他提出要按照隧道的形状和大小，挖出一系列的小隧道，然后向小隧道里灌注混凝土，使它们围拢成一个大管子，等到混凝土凝固，这个大管子就代替木桩固定了洞壁。待洞壁稳固以后，接下来再用打竖井的方法挖洞。后来，这种新的隧道修筑法被很多人采用，既省工又省时，效果非常显著。

实际上，这种通过逆向思维改变一些细节而取得成功的事例在现实生活当中简直是不胜枚举，在科学发明创造方面，也是屡见不鲜。事物起作用的过程具有显著的方向性，显示着事物的某种发展趋势。我们的逻辑思维就是要认识和掌握这些事物的发展趋势，并且根据自己和事实的需要，采用更为科学或更为实用的思维方法来掌控事物的发展，从而发现问题，调动逻辑思维来解决问题。这也是那些高智商的人之所以办事举重若轻、事半功倍的秘诀之一。

越是聪明的人越重视逻辑，越是有逻辑的人做事总能四两拨千斤，以巧胜，以智胜。而且逻辑思维的无限延伸和发散作用可以让那些重视逻辑的人进行更多的智力串联和借鉴模仿，而这些逻辑思维点燃的火炬已经一次次照亮了我们的灵魂世界，那些科学家、音乐家、发明家都是利用逻辑思维进行严谨而富有创造性的智力思维竞赛，创造了一个又一个逻辑思维的智慧高峰。

著名的悬疑科幻电影《盗梦空间》就是建立在一个严密的逻辑的思维架构上的优秀科幻电影。《盗梦空间》是由克里斯托弗·诺兰执导，莱昂纳多·迪卡普里奥、玛丽昂·歌迪亚等主演的电影。影片剧情在梦境与现实之间不断切换，是一部“发生在意识结构内的当代动作科幻片”。

影片的主要内容是由莱昂纳多·迪卡普里奥扮演的造梦师道姆·柯布，带领约瑟夫·高登·莱维特、艾伦·佩吉扮演的助手一同参与了一场进入他人梦境，并从他人的潜意识中盗取机密的犯罪活动。影片的故事架构是建立在弗洛伊德的潜意识的哲学体系之上，在梦境中重塑一个新的现实世界，并且在梦中还可以再次入梦，一层一层的梦境甚至可以无限循环，而梦境和梦境之间的内容关联、时间对比、人物关系等都建立在符合逻辑的基础上，严谨甚至无破绽剧情，这在同类电影中极为少见。

举一个小小的例子，在影片中，艾伦·佩吉扮演的筑梦师刚刚加入团队，她需要迅速熟悉建筑一个梦境的最佳方式和一个梦境如何不被人识破的方法。于是团队的另外一位搭档就带她进入一个梦境，在梦境中他告诉艾伦·佩吉，一个优秀的筑梦师所建筑的梦境就是一个无限循环的场所，就好比一座无限循环的楼梯，从这里上去，转了几个弯之后就会再次回到最初的起点，这样的梦境才不会引起人的怀疑。说完他们就走上了一个楼梯，走了几步之后再次回到了起点。许多人或许看得模模糊糊、并不明白，其实这里就借鉴了逻辑学、物理学中“潘洛斯阶梯”的概念。这种存在于概念的楼梯是由四条楼梯构成，四角相连，但是每条楼梯都是向上的，因此可以无限延伸，是三维世界里不可能出现的悖论阶梯。这种不可能出现的物体来自将三维物体描绘于二维平面时出现的错视现象。而导演和编剧就将这个概念植入影片中，并且为影片的逻辑思维做了一番辅助论证。

限于篇幅，我们不能为读者详尽地介绍这部电影的精彩之处，而且这也不是这本书的职责所在，举这个例子就是要说明，你的逻辑思维的能量场有多大，你的脑子里产出的智慧产品就会处于相对应的高度，好的、优秀的会被人一直铭记和学习，如本片的导演克里斯托弗·诺兰，这位善于大胆创新的导演本身就是一位逻辑达人，他的电影以叙事结构复杂、逻辑巧妙而著称。并且在严谨逻辑的辅助下，常常用“非线性叙事”的幻象表达线性叙事的事实，他的其他电影，如《记忆碎片》《蝙蝠侠》等，都是观赏性和逻辑性并重的优秀影片。

学习逻辑，运用逻辑思维，这样就可以增强我们做人、做事的严谨性和创造性，提升你的潜能，越聪明的人越重视逻辑，你也赶快行动吧！重视逻辑思维，我们的智力水平取决于大脑神经元之间信息连接的广度和方式，这种广度和方式正是逻辑思维的重要特质。

5. 逻辑思维能帮我们看清世界

万物百态都是这个世界的真实存在，而我们的思维和意识都要接受他们的存在，并且在接受之后还要自主分析，进行概念定义、判断和推理，最终得到的结论会再次作用于这个世界的万物百态中，所以，不管人的智慧高与低，能力好与坏，他的逻辑思维都和万物百态联系在一起。同样，万物百态也在人的逻辑思维认识之中，被逻辑思维认识、切割、重组。所以，逻辑思维可以将万物百态进行编程，当然，万物百态不是只有经过逻辑思维的编程才得以存在的，这样就会走入唯心主义的泥潭。任何事物都是内容与形式的统一体，思维也不例外。思维和事物是相辅相成的。

而人就在事物与思维的交互中存在。所以，认识逻辑思维和认识这个世界一样重要。我们在认识世界的过程中也要坚持多用逻辑思维进行编程，这样也许就会少走点弯路。

认识这个世界，先要认识我们自己。古希腊的哲人们在探寻这个世界的时候也发现了这个真理，他们说："认识你自己。"人是这个世界的灵长，所以认识世界，先要认识自己。

实际上，人最难了解的就是自己。一个人很容易看清身外的人和物，但是对于自己却没有那样的睿智和聪慧，容易自己忽略自己，自己屏蔽自己。《三国演义》中诸葛亮见到魏延的第一眼就认清此人脑有反骨后必为乱，所以当即就要杀魏延除后患。《水浒传》中，梁山好汉们惺惺相惜，一眼就看出对方的脾气、性格对自己的口味，于是很乐意地与对方称兄道弟，推杯换盏。在自我了解、自我评价方面，我们需要一个安静的心境才能进行自我剖析。能够给自己一个恰当的判断，这便需要一种智慧。一个人要成功，如果说他连自己都不了解，就会盲目地去效仿别人，鹦鹉学舌。所以，认识这个世界，先要用逻辑思维认识一下自己。中国古代哲学家老子就曾说过："自知者明!"翻译过来就是说，一个人如果能够了解自己，那么他就是一个心眼明亮的人，就是一个逻辑正确的人。中国兵法有句话叫"知己知彼，百战不殆"，意思是说，只有了解自己和对方的实力，才能在交战中取胜。而我们的活动也应遵循这一原则。孙膑知道自己的智力和性格，所以能够隐忍齐国，并且在适当的时机打败庞涓一雪前耻；鲍叔牙知道自己的才智不足以让齐国强大，所以把相位让给了管仲，最后管仲得到权力和机会，齐国迅速强大，成为春秋首霸，而鲍叔牙也名利双收，二人的故事被传为佳话。这就是认识自己的重要性。

认识了自己之后，我们要抬眼看看这个世界的样子。

有一句来自两千年前的富含哲理和逻辑的话可以形容这个世界的整体形态和面貌："人不能两次踏进同一条河。"这是古希腊哲学家赫拉克利特说的。古希腊时代是一个思想解放和文明开启的时代，这个时代和中国的春秋战国时代遥相呼应，成为东西方各自文明的暖床，几乎所有的富含逻辑性和哲理的学说都在这时诞生并得以发展下去。而赫拉克利特的哲学在米利都学派和毕达戈拉斯学派之后，是想要反映这个世界是运动的变的哲学。这种哲学思想充满了辩证法思想，他把所有存在的东西比作一条河，声称人不能两次踏进同一条河。因为当人第二次进入这条河时，是新的水流而不是原来的水流在流淌。他将静止和运动对立统一起来，并且认为宇宙万物没有什么是绝对静止和不变的，一切都在运动和变化中，包括我们在内，都要理解和面对这些运动，不可以用静止的观念看待万物，否则就会犯错，就会出现逻辑错误。

恩格斯高度评价了赫拉克利特的思想：“这个原始的、素朴的但实质上正确的世界观是古希腊哲学的世界观，而且是由赫拉克利特第一次明白地表述出的：一切都存在，同时又不存在，因为一切都在流动，都在不断地变化，不断地产生和消灭。”

这个世界是不断变化的。我们都处在变化和运动中，思维也是如此，当世界万物都在运动时，我们的逻辑思维也必须是运动的，不是一成不变的。有的人却故意僵化自己的思维，让自己的认识停留在低层次上，最终自己禁锢了自己。

第四章
识破逻辑陷阱，跨越挫折障碍

逻辑思维能帮助我们认识事物本质，变得睿智起来。人们对逻辑思维的认识和掌握程度，常常决定着他们的办事能力。于是，在激烈的社会竞争中，逻辑陷阱就不可避免地出现了。因此，我们要避免陷入逻辑陷阱中，就需要学习逻辑思维方式，识破逻辑陷阱。

1. 有逻辑就有陷阱，谁不懂谁吃亏

每一枚硬币都有两个面。每一样东西都有互相对立的存在，包括逻辑思维。

逻辑思维和逻辑陷阱就是相互对立而存在的两个面。

不要恐惧，不要怀疑，是的，没错，“逻辑陷阱”真的存在，并且几乎是无处不在。如果我们对逻辑陷阱毫无防备，就极有可能在毫不知情的情况下一脚踩进逻辑陷阱里去。这样的场景绝对不允许发生在我们身上，所以，我们必须要认识逻辑陷阱，知道逻辑陷阱是怎么一步步地引人上钩的，这样，我们就可以在逻辑思维的交锋中不做那条上钩的鱼!

首先，要知道，逻辑陷阱是不可避免的，我们得承认并接受它们的存在。就像人有好坏之分，路有宽道小道之别，逻辑思维也有逻辑规律和逻辑陷阱这两种截然相反的逻辑产物。就像真理一样，逻辑世界里也不可避免地出现了违反逻辑基本规律的思维方式，这些违反逻辑规律的思维方式有的是违反了某一条具体的定律，如违反了逻辑的同一律，就会发生偷换概念的逻辑错误。具体来说，逻辑思维的同一律要求我们在表述时始终围绕着一个中心去说，不能将 A 说成了 B，

A 就是 A，A 就是我们要说的中心议题，在我们约定好了的语言环境里，这个 A 只能反映这类对象，不能反映其他的对象。如果有人故意混淆或是偷换概念，就会形成一个简单但是有效的逻辑陷阱。这种偷换概念的逻辑陷阱在生活中非常多见，尤其是我们进商场时看到各种“买一送一”“假一赔十”等宣传广告语，商家为了促销，吸引消费者，于是就承诺“买一赠一”。于是很多人就动心了，真的买了相当金额的“一”件商品，比如说，一个价值不菲的背包或是一件西服，等我们满怀期待地去领取赠给我们的“一”时，狡猾的商人就会露出本来面目了。我们很失望地拿着商家赠送的一根领带或一个精美的袋子而不是想象中的同款名包，心里一定会痛悔万分吧。这就是偷换概念的表现。如果违反矛盾律，就会出现自相矛盾的逻辑陷阱，如果故意颠倒是非，就会因果倒置，用结果推理出原因，从而误导很多不明就里的人……凡此种种，不一而足。

如果说这些违反了逻辑的基本规律的逻辑错误构成的逻辑陷阱是基本的逻辑陷阱，那么，由各种符合逻辑规律的对象进行演化推理而出的种种逻辑悖论就是逻辑思维的超级 BOSS 了。有的逻辑悖论现在已经被揭开，但是有的逻辑悖论就像一个永不停息的陀螺一样，将人的思维带到了一个逻辑世界的高速车道上不停息地行进着。这样的逻辑悖论在逻辑学中都是赫赫有名的，吸引了无数的逻辑学家苦苦探索，乐此不疲。比如说外祖母悖论、王尔德悖论、说谎者悖论、上帝万能悖论，等等。可以说，只要有逻辑，就会有违反逻辑规律的思维存在。逻辑陷阱和正常逻辑思维，他们就像硬币的两个面，一个在正面为世人所推崇，一个则如鬼魅般现身，让不知其然的人陷入其中，无法自拔。

有逻辑就有坑，有逻辑就有遇见逻辑陷阱的可能，所以，正视逻辑陷阱，认识逻辑陷阱，我们的思维和精神才能安全，我们的逻辑思维能力才更强大。

2. 人生成长道路上会不断识破逻辑陷阱

人生就是一场修行。

已经无从查知这是哪位哲人说的了，因为有太多的人认同这句言简意赅、意境幽远的哲言，并在这句话的后续中添入自己的元素，书写无限青春的瑰丽和无悔。人生就是一场永不停息的修行，这场修行从“心”开始，在我们的精神家园里辛勤耕耘，为我们的人生增添更为丰富的色彩。

学会逻辑思维也是一种修行。这样的修行不仅发自内在的探索和好奇，也有外在的驱策和帮助。当然，外在的帮助不仅包括逻辑大师的经验指导、各种事物的逻辑考验等，也包括他人有意无意间给你设定的逻辑陷阱。

逻辑陷阱是不能逃避的存在，这一点我们在前一节中已经说明清楚。逻辑陷阱和逻辑思维就像孪生兄弟一样，或者说逻辑陷阱就像是逻辑思维的影子。我们不能逃避逻辑陷阱存在的事实，同时我们也要随时迎接逻辑陷阱的挑战。随时会有人利用逻辑陷阱从你这里获取信息或图谋不轨，而这既是一场考验，也是一种提升。有句名言：“志不磨不坚，心不洗不白。吾人志不坚，磨以忍；心不白，洗以戒。”修行之人只有不断地磨炼自己，通过重重考验来磨炼，最后才能“志坚心白”。唐僧师徒经过了十四年的辛苦跋涉，历经九九八十一难才修成正果，那么我们呢？

傲立挺拔的小杨树需要经历千百次的风雨洗礼才能成长为参天入云的大丈夫，初出茅庐的幼虎只有栽过几回跟头，和敌人有过无数次交锋才能成长为林中之王。我们为人处世，或许只有经历过失败和挫折，经历过无数次逻辑陷阱这种“意识”形态的陷阱，我们才能变得更强大。

逻辑陷阱是可遇不可求的考验，是检验自己真实能力的斗兽场，是我们修心成才的必经之路。

遭遇逻辑陷阱，常见的形式有谎言、诈骗、夸张广告、虚假宣传等，比如说前几年非常火的小品《卖拐》，这就是一个明显的斗智斗勇的逻辑交锋。逻辑思维缜密的人能听出对方说话的破绽，一下子就可以戳破对方的谎言，防止被忽悠。当然，这种诈骗在日常生活中毕竟少见，而最常见的就是诸如虚假广告的虚假意识宣传。广告商都是非常精明的“大忽悠”，他们常常借助各种逻辑手段，在一些细节上做些小动作，就可以把许多人绕进去，让消费者认可他们的理念，最后达成目的，促使更多的潜在消费者产生购买动机。但是，实际上很多人根本用不着广告上宣传的那些产品，却情不自禁地买了。这就是一种逻辑陷阱，也是一种观念绑架。比如这里就有一个广告商做的一个宣传："在过去 10 年间，××（快餐）在中国得到了迅猛发展。许多人开始认可这种用餐方式，并且在 30 座一线大城市中的网点数每年以 40% 的惊人速度增长着，同时在更为广阔的中小城市和乡镇拥有更多的发展空间。更多的调查报告显示，95% 的消费者对我们××快餐有着更高的认可度，我们还有广阔的市场有待开发……由此可见，照此速度发展下去，××快餐在中国饮食行业的市场份额将会超过 30%，成为中国人日常饮食的主要选择之一。"

看完这个广告，也许许多人会想，哇，是这样的，我就在很多地方见过这样的快餐店，它们到处都是，可是许多人并没有机会和可能去认真推敲这则宣传力列出的许多数字，但这些数字有很大的模糊性，大城市的网点数的增长速度并不能推出中小城市和农村的发展速度也有着同样的速度和发展空间。而且一份调查显示的数据并不能代表更多的绝大多数人的意志。所以，这则广告就是一个逻辑陷阱。这个广告采用的是数字谬误的谬误逻辑，用小数字代替大数字，武断而又粗暴，可是并不是所有人都买他的账。更多的人还是认同中国菜，更多的读者还是认同中国的餐饮文化。

此外，还有的广告商在文字指代上做游戏，比如说，"×××电动车，中国电动车行业的领导者""×××净水器，中国净水专家"，还有一些畅销书、电影等在海报宣传上喜欢用一种不负责任的语言导向迷惑受众，反正有许多人吃苦，反正没有人会为此上法院告我，于是这种浮夸的风气和荒唐的逻辑大行其道，坑害了更多的消费者。

上述的逻辑陷阱低级但是行之有效，是我们日常生活中不得不防的。现在我们再简略讲述一下更为高级的逻辑陷阱，因为高级，所以更多人愿意对其进行深层讨论。因为这种高级的逻辑陷阱是许多逻辑思维训练的龙门之旅。

这里介绍的逻辑陷阱其实也不能算是坏人有意为之的陷阱。因为很多这种逻辑陷阱属于逻辑或者意识层面上更高级的讨论，是许多哲学家、逻辑学家提出的逻辑悖论。其中有一个“外祖母悖论”最为有名，让许多科幻迷们沉迷其中。

“外祖母悖论”是基于时空旅行的假说而提出的悖论。这个悖论大意是如果一个人真的可以穿梭历史时空，可以“返回过去”，并且在其外祖母怀他母亲之前就杀死了自己的外祖母，那么许多有关他的不幸或许就不会存在了。但是问题在于，这个跨时间旅行者本人也就被抹掉了存在的可能了，他还怎么再存在于未来的时空并穿梭回来，而且这个穿梭回来的人在杀掉自己的外祖母后，他的存在就是“非法”的了，那么他的“非法存在”会不会影响他刺杀自己的外祖母呢？要知道时空旅行是爱因斯坦和霍金都认可的科学假说，但是这一假说也受到了现实逻辑思维的挑战，而“外祖母悖论”就是科学与逻辑思维的密集交火点，也让更多的人对科幻和逻辑思维更为着迷。关于这一悖论的解释，有兴趣的话请上网查找相关资料了解。而通过对一个又一个的逻辑陷阱和逻辑悖论的思考，我们的逻辑思维也在无形之中得到了提升。理越辩越清晰，逻辑越用越好用。逻辑陷阱，是我们修心的必经之路。心，也包括我们的智慧。

3. 逻辑思维中最难识破的是诡辩

何为诡辩？就是以诡诈之法进行辩驳，以说服对方。当然，诡辩并没有这么简单，千百年来，诡辩一直活跃在中国人的历史档案里，甚至现在依然很有市场，若是留心，我们也能看到许多利用诡辩去迷惑他人的做法。学习逻辑思维，相当大的比重是组织语言和思维的学习。而诡辩就是坏人利用逻辑思维的漏洞试图用语言动摇他人的心志以达到自己的目的。所以，诡辩是我们学习逻辑思维的重要敌人。识破诡辩术，也是学习逻辑思维的目的之一。

有一个人不知从哪里学了一点诡辩的方法，于是决定试一试它是否能唬住别人。他出门随意一逛，转悠了半天也没有发现有什么特别的事情可以进行诡辩。他饿了，于是去饭馆吃饭。此时，他灵机一动，决定在这家饭馆试验他的诡辩术。他先告诉服务员来一碗面条，但是服务员端来的面有点辣，他假装很生气，于是就让服务员撤掉面条，给他换一盘包子。服务员是个新来的，不敢得罪顾客，只好告诉厨房换成包子。没想到这人吃完包子后拍屁股就走，服务员一看就急了，面条不说，包子还没有付钱呢！那人却心安理得地反驳道："我吃的包子是用面条换来的，面条我没吃。"服务员说："但是，面条你也没有结账啊。"那人就哈哈一笑，说："刚才不说了吗？面条我根本没吃，结啥账啊！"服务员一时没有反应过来，气得直跺脚。

这就是一则典型的诡辩故事。他所说的论据看似都有道理："我吃的包子是用面条换来的"，所以包子不用给钱，"面条我没吃"，因此面条也不用给钱。这个人的诡辩先是割裂了面条和包子之间的逻辑关系，仅仅是用"换来的"这三个字就将包子的账算到面条上，而面条又没有吃，所以包子、面条、人，三者之间的关系仅仅局限在了"吃"与"没吃"之间，用"吃"取代了包子或者面条其本身的所有权归属，把一个是否结账的问题转移到吃与没吃的问题上去了，这就是典型的"偷换概念"。而"包子是用面条换来的"最具欺骗性。并且将其偷换概念的做法进行了适当的掩饰。若是不去认真思索，说不定就真被他绕进去了。这就是在日常生活中可能会遇到的诡辩。

诡辩之术由来已久，并非当今时代的产物。

《说文解字》里这样解释"辩"："辡，罪人相与讼也。从二辛，凡辡之属皆从辡。" "辛"有"罪"之义。在古汉语中，"辡"与"辨"通用。由此可知，在古代"辩"就已经开始表示进行对立思想的交锋、不同观点之间的争论的含义了。而且各种各样的辩术纷纷崛起，在各自的不同领域里独领风骚。而对于"诡"的解释，《说文解字》这样定义道："诡，责也。"《吕氏春秋 · 淫辞》："言行相诡，不祥莫大焉。"这里的"诡"开始有了狡诈的解释。而后到了汉代，"诡辩”作为一个专有名词出现于汉代的官方文典中。如太史令司马迁的《史记·屈原贾生列传》有：“（张仪）如楚，又因厚币用事者臣靳尚，而设诡辩于怀王之宠姬郑袖。”这个词语往后发展，就慢慢演变为现代的解释：把真理说成是错误，把错误说成是真理，颠倒是非，混淆黑白以达成自己的目的。德国哲学家黑格尔认为，“诡辩”就是以任意的方式，凭借虚假的根据，或者否定真理，或者弄假成真，迷惑、混淆视听。

所以，识破诡辩术，就可以在遭遇诡辩的时候反治其身，不让用心险恶之人混淆是非，不让恶作剧的人有得逞之机，不让真理沦为荒谬，不让荒谬镀上金装蛊惑人心。

掌握基本规律，识破诡辩有法可循。

举一个简单的例子。在前面的章节中我们说过，逻辑思维的基本定律中有“同一律”，就是思维的研究对象始终不变，A 就是 A，不能将 A 说成了 B。诡辩术常用的伎俩就有违反“同一律”，偷换概念。比如本文上述的案例中，那个人想用“吃与没吃”来偷换所有权的概念，以达到吃饭不给钱的目的。

所有的诡辩其实都是违犯逻辑的基本规律和定义方法的，采用各种扭曲、肢解、变形的方式对逻辑原有的规律和形式进行变相应用，如同语反复、偷换概念、转移论题、自相矛盾、以偏概全、因果倒置等，其实这些诡辩术的实质就是曲解逻辑思维，打乱逻辑思维的正常秩序来干扰拥有正常逻辑思维的人。识破诡辩，要保证基本功扎实，真正领会逻辑思维并将其用在实战方面，这样，不管别人的诡辩如何高深，终究经不起缜密逻辑的推敲。天下武功，无坚不摧，唯快不破；天下诡辩，无孔不入，唯逻辑思维可将其一网成擒！

4. 常见的逻辑陷阱就这几类

“和尚动得，我动不得?!”

“这是你的？你能叫得他答应你么?”

“我要什么就是什么，我喜欢谁就是谁!”

熟读中国文学史的人一眼就能看出这三句话是谁的“名言”。他来自我国江南某地，每天游手好闲不思进取，还有一系列的不合逻辑的逻辑思想。他，就是鲁迅先生笔下的阿 Q。

“阿 Q”不敢得罪那些有权势的人，所以就自欺欺人地说：“我们先前——比你阔的多啦！你算是什么东西!”还敢对小尼姑的脸蛋下手，得到酒店里人们的赏识，嘴里振振有词：“和尚动得，我动不得?!”

其思想封建顽固，竟然认为凡尼姑，一定与和尚私通；一个女人在外面走，一定想引诱野男人；一男一女在那里讲话，一定要有勾当了。时代变迁，“阿 Q”的逻辑却没有消亡，甚至走进了我们的生活，于是，新一代的“阿 Q”逻辑植根于生活，让很多人有了底气违法犯纪，既干扰了经济社会的正常秩序，又干扰了人民生活的正常开展。面对社会舆论压力或者是内心的谴责，他们会强词夺理："和尚动得，我动不得?!"在利益的诱惑下，他们失去理智和本心，失去逻辑标准，最终迷失方向，步入歧途。

由此可见，错误的逻辑意识植根于我们的精神深处和灵魂源泉，有多么可怕啊！我们很多人都是在这些错误的逻辑陷阱里失去原有的价值观，自己的正确逻辑思维开始一步步失守，最终被逻辑陷阱打败、消灭，最终完成自我毁灭的悲怆。

所以，无论从做事还是从做人的角度来看，我们都要遵守逻辑思维的规律，严厉打击逻辑陷阱对我们的思维、精神的毒害，做到言行守一，对逻辑陷阱有一个清楚的认识，全面防御、全面认识，谨防逻辑陷阱。常见的逻辑陷阱有偷换概念、偷换论题、自相矛盾、模棱两可、循环定义、同语反复、概念不当并列、因果倒置、循环论证、推不出等。当然，还有我们之前就介绍过的逻辑悖论，这是逻辑陷阱中更高级的陷阱，需要我们了解、防范。

偷换概念

这一点我们前面已有提及，并列举典型事例，所以这里简略介绍一下。如果有人有意违背逻辑思维同一律的要求，就会巧设陷阱，利用偷换概念的方法逼人就范，实在是防不胜防。也有人会在概念的运用方面做手脚，运用错误概念去设置逻辑陷阱，这种方法叫作"混淆概念"。

偷换论题

如果有人在说话或论述中，有意识地违背同一律的要求，故意改变论述的方向和内容，偷龙换凤，从而构成一种逻辑陷阱来害人，这样的逻辑陷阱被称为“偷换论题”。明明是风，他偏偏说是雨，明明是鹿，他偏偏说是马。这种逻辑陷阱在古代政治斗争和文字狱时期屡见不鲜。比如清朝时，有位书生看见春风吹动放在栏杆边上的书，于是随口而得两句诗文：“清风不识字，何故乱翻书?”很不幸被当时大兴文字狱的清朝统治者发现，结果被扣上谋逆和大不敬之罪，惨遭屠害。

自相矛盾

我们知道，在同一思维过程中，两个互相矛盾或互相反对的思想不能都是真的，其中必有一个是假的，这是逻辑思维的矛盾律。所以，如果违反矛盾律，就会出现一个命题中对逻辑对象既肯定又否定的现象，这种逻辑陷阱就是“自相矛盾”。如小明既是好学生又不是好学生，这种说法就是自相矛盾的。

模棱两可

再者就是违背逻辑思维的排中律的逻辑错误和逻辑陷阱。排中律要求，两个相关联的思想如果相互矛盾，那么不能都是假的，其中必有一个是真的。在两个相互矛盾的思想中，必须旗帜鲜明地承认一个是真的。如果在某一方首鼠两端，举棋不定，就会含混模糊，那就犯了“模棱两可”的逻辑错误。

概念不当并列

概念并列问题简而言之就是概念的范围大小划分的问题。就好比水果是一个大概念，将其细分还可以分为热带水果、温带水果等，再次细分可以分为葡萄、苹果、梨和香蕉等。划分概念是要遵循一定的划分标准的。但是在划分过程中如果不同标准的概念放在一起并列划分，就会犯“概念不当并列”的逻辑错误，构成概念不当的逻辑陷阱。比如：“我喜欢看侦探小说，福尔摩斯、华生、柯南、大空翼等都是我喜欢的侦探小说里的人物。”这句话在划分概念的时候将不是同一个划分标准的概念并列在了一起，犯了“概念不当并列”的错误。

倒置因果

还有的逻辑陷阱专门在因果关系上做文章。因为因果关系是事物之间普遍存在的一种联系。事物形态形成的前因后果都是有着相对的联系的，原因和结果在因果链中可以互相转化，这件事情的结果可能是那件事情的原因，但是在单独一件事情上，原因和结果就不能互相转化，因果倒置就会形成逻辑陷阱。

推不出

逻辑陷阱的另外一个特征就是不能利用充足的论点、论据进行有效形式的推理，最后往往胡乱拼凑，所得结论不符逻辑。这就是“推不出”的逻辑陷阱。有的论据不能必然地推出论题。有的论据和论题在内容上毫无关联。而有的论据不够充分，甚至本身就是虚假的论据，最后所得的结论往往牵强附会，甚至还有强盗逻辑在里面。

最后说说逻辑悖论。逻辑悖论被用来做逻辑陷阱的情况较少，因为难度稍高，不好掌握，但是也有人能够利用逻辑悖论组织逻辑陷阱。如王尔德悖论。如“第一，我永远是对的；第二，如果我错了，请参见第一条。”“如果你以为已经理解我的意思了，那么你已经误解了我的意思。”奥斯卡·王尔德似乎拥有无以抵御的魔力，他的悖论甚至让人无从驳倒。他巧妙的语句体现了他的机智和严谨的逻辑，尽管有点悖论，看似很蛮横、霸道、不讲理。而这种似是而非的论断迷惑了我们的理性，让我们的理智和逻辑思维迷失在他的逻辑陷阱里，而他却在高处俯瞰芸芸众生的挣扎和纠结，实在是高明至极的逻辑陷阱。

5. 这样做你便能远离逻辑陷阱

保持自己的危机感

“生活中危机潜伏于各个角落里，”《狮子王》中辛巴这样告诫自己的女儿齐娜亚，“所以，你要站在我看得见的地方。”

这本来就是一个竞争激烈、危机四伏的社会。我们每天一大早醒来，就要面临诸多的竞争和挑战。在这个危机感十足的社会里，人有时候也会像丛林里的野兽一样，时时刻刻要提防敌人或者竞争者所设的陷阱。所以，我们唯有做好自己，保持自己的危机意识，去感受外来的敌意和潜在的危险。在逻辑思维中也是如此，只有保持自己的危机感，才能以最快的速度嗅出逻辑陷阱的气味，并及时做出反应，以免真的掉进去。

要保持自己的危机感，不要轻易相信别人的逻辑，尤其是所谓的权威和统计数据。有些人就经常假借专家之名行诈骗之实，种种机关陷阱可谓滴水不漏，很多人因为过于迷信权威、心里大意而没有感受到危机，所以最后落入坏人的逻辑陷阱里。

对于那些统计数据也不能轻信。比如说在投资领域里有一个“存活者偏差”的统计。这个统计所得来的数据对于那些会因此而得利的企业来说非常有帮助，而对于大众来说则具有极大的迷惑性。因为统计技术是通过样本来推论总体，而样本的选择是随机的，依据一个随机抽样的样本来推论总体就会存在偏差。这种统计方法是片面的，对于那些没有被统计、没有被包含在内的成员来说，这是极为不公平的。

联系生活实际，不要盲信直觉和思维惯性

直觉，这是很多人做事的依据之一。有时候我们的思维方式和逻辑方式会受到直觉的影响。而实际上这种直觉根本不符合逻辑，所以，我们不能太过依赖我们的直觉，要联系实际，不要让别有用心的人钻了空子。典型的例子是抛硬币定输赢，如果我们要抛十次硬币，并且只有第十次具有决定性意义，而且巧合的是前九次都是人头朝上，这时有的人就会靠直觉认定第十次也是人头朝上的概率非常大，可是事实上并非如此，因为出现人头和字的概率是均等的，都是50%的概率。所以，我们要学会正确地思考，联系生活实际，不要盲信自己的直觉，避开思维惯性，这样才能远离逻辑陷阱。

学会逻辑推理，排查逻辑漏洞

类比推理是根据两个或两类对象有部分属性相同，从而推出它们的其他属性也相同的推理。简称类推、类比。

以关于两个事物某些属性相同的判断为前提，推出两个事物的其他属性相同的结论的推理。如声和光有不少属性相同——直线传播，有反射、折射和干扰等现象；由此推出：既然声有波动性质，那么，光也有波动性质。这就是类比推理。

反证法

反证法是一种论证方式，首先假设某命题不成立（即在原命题的题设下，结论不成立），然后推理出明显矛盾的结果，从而下结论说原假设不成立，原命题得证。反证法能够推理出不符事实的结果或显然荒谬不可信的结果。

若原命题：p≥q 为真；

先对原命题的结论进行否定，即写出原命题的否定：p≥非 q；

从这个否定的结论出发，推出矛盾，即命题：非 q≥p 为假（即存在矛盾）；

从而该命题的否定为真：非 q≥非 p 为真；

再利用原命题和逆否命题的真假性一致，即原命题：p≥q 为真。

法国数学家阿达玛（Hadamard）对反证法的实质做过概括："若肯定定理的假设而否定其结论，就会导致矛盾。"具体地讲，反证法就是从反论题入手，把命题结论的否定当作条件，使之与条件相矛盾，肯定了命题的结论，从而使命题获得了证明。

在应用反证法证题时，一定要用到"反设"，否则就不是反证法。用反证法证题时，如果欲证明的命题的情况只有一种，那么只要将这种情况驳倒就可以了，这种反证法又叫"归谬法"；如果结论的情况有多种，那么必须将所有的反面情况一一驳倒，才能推断原结论成立，这种证法又叫“穷举法”。牛顿曾经说过：“反证法是数学家最精当的武器之一。”一般来讲，反证法常用来证明正面证明有困难、情况多或复杂，而逆否命题则比较浅显的题目，问题可能解决得十分干脆。

演绎推理

所谓演绎推理，就是从一般性的前提出发，通过推导即“演绎”，得出具体陈述或个别结论的过程。

演绎推理的逻辑形式对于理性的重要意义在于，它对人的思维保持严密性、一贯性有着不可替代的校正作用。这是因为演绎推理保证推理有效的根据并不在于它的内容，而在于它的形式。演绎推理的最典型、最重要的应用，通常存在于逻辑和数学证明中。

演绎推理是严格的逻辑推理，一般表现为大前提、小前提、结论的三段论模式，即从两个反映客观世界对象的联系和关系的判断中得出新的判断的推理形式。如：“自然界一切物质都是可分的，基本粒子是自然界的物质，因此，基本粒子是可分的。”演绎推理的基本要求：一是大、小前提的判断必须是真实的；二是推理过程必须符合正确的逻辑形式和规则。演绎推理的正确与否首先取决于大前提的正确与否，如果大前提错了，结论自然不会正确。

以上这些都是从各个方面来论述我们应该怎么做才能远离逻辑陷阱，逻辑陷阱千差万别，但是终究敌不过正义力量的最终判决。所以，练好自己的逻辑能力，这就是远离逻辑陷阱的最好方法。

第五章
打破陈规，你也能做逻辑达人

在生活中，经验是使人变得聪明的重要方式。很多人做事或者思考问题时，会不自觉地借助于经验。久而久之，他们的思想里便有了陈规，遇事不做逻辑推理，而仅仅凭经验而为之。因此，如果我们要做逻辑达人，做聪明的人，就必须打破思想里的陈规。

1. 火车需要轨道，人的思维却不能有定式

懂逻辑思维的人没有一个是墨守成规的。这是一个不争的事实，因为一个人如果精通逻辑思维，那么，他不会在思考一件事情的时候总是按照既有的、固定的线性思维去思考。一个聪明人不会自己给自己画一个圈并固守于此，而是不停地求新求变、锐意进取。

火车需要轨道，思维却不能有定式。拥有定式思维的人做事死板，不懂得适时变通，往往会自己给自己设限，自己把自己锁在定式思维的泥淖中不能自拔。

陈腐的老观念是人的牢笼，人置身于这种观念牢笼之中，自己就会受到许多的局限，给我们造成难以估计的灾难，比如说造成我们事业的停滞不前，生活的陈腐不化，学习容易钻进死胡同。一个聪明的逻辑达人应该首先打破这些陈旧的思维，敢于创新和自我突破，勇于从旧观念中走出来，而不囿于观念的束缚。

创新和墨守成规，这是逻辑思维中对立的两个方面。创新体现了逻辑思维的多样性和运动变化的一面，就如前面的章节所说过的一句名言一样，“人不可能两次踏进同一条河流”。赫拉克利特的名言讲述了逻辑思维的一个显著特点，那就是多样性和多变性。思维如果固守

一处，那么就不能称为思维了。所以许多人要打破常规，不能在固有的思维中自我消亡。

说句实话，我们中国人是最喜欢墨守成规的民族之一。很多人看到这句话会很疑惑，甚至很愤慨，凭什么这么说自己呢？原因很简单，就是因为中国人的骨子里还流淌着两千年来慢慢熔铸而成的“中庸之道”的血液。这种“中庸之道”起初并没有那么严重的毒性，可以致人思想僵化、墨守成规，但是后来经历了无数代皇帝与御用文人、“思想家”的精心布局，一种温顺的、中庸的思想便融入我们民族的血液里，自西汉时代开始，董仲舒罢黜百家，独尊儒术，儒家的各种中庸思想开始变质并为统治者所用，老百姓尊孔的实质开始渐渐变为顺民的实质，这种思想禁锢的萌芽从汉代开始便无法遏制。在宋元之后，程朱理学的出现又给中华民族的脑袋上了一环紧箍咒，之后的中华民族的血液中，那种不屈、奋进、求变的思想慢慢被抹杀，并在而后遭遇了历史的惩罚，闭关锁国的清政府被砸开了大门，来自世界另一端文明的冲击让我们国人开始清醒，于是，许多人开始崇拜西方，一场场摒弃传统的思想运动如潮水一般冲击着人们的视野和神经。

其实，根本不需要如此，因为旧思想并非禁锢人们精神世界的元凶，而旧思想中甚至还有打破禁锢、获得思想解放的良药。不是所有的传统思想都是旧的、陈腐不堪的。有的甚至在现代社会依然光芒万丈、璀璨夺目。打破思想禁锢，打破陈规，做逻辑达人需要的不是负笈取经、辛苦探索，而是蓦然回首时的惊人一瞥。

数年前有一部电视剧横空出世，警醒国人，那就是讲述以春秋战国时期为背景的商鞅变法故事的《大秦帝国》。春秋战国时期是中国最早的思想大解放时期，这个时期也是各种思想互相交锋、互相学习、促进的时期。那个时候的华夏民族是一个血气方刚的民族，在这个凡有血气、皆有争心的大争之世，各种精彩的思想纷纷登上历史的舞台，演绎着各自的精彩。无论是谦谦君子的春秋古风，还是攻城略地、血流成河的惨烈战国，守旧的思想和国家渐渐地被淘汰，而锐意进取的头颅一直高高昂起，眺望历史的进程。与现今社会相比，生活在这个时期的学者个个堪称智者。他们的思维没有紧箍咒，他们的逻辑没有定式，他们的世界里没有一成不变的真理，这才是逻辑思维关于创新和突破陈规的至坚利器。

《大秦帝国》第一部《裂变》讲述的就是战国时期最突出的历史事件——商鞅变法。电视剧以事实为基准，加以艺术改造，成为当今精神文化的警世之钟。2700年前，历史的车轮滚滚向前，春秋时期的诸侯割据战渐渐演变为一场场吞并大战。各国依据自己的实力不断出兵讨伐，而处在各国纷争之际的、位于西北边陲的秦国饱受六国摧残挞伐，甚至已在灭国边缘。秦献公在与魏国大战中身死战场，他临死之前选定了更为沉稳、有见地的二公子公子渠梁为新的秦国国公。秦孝公嬴渠梁即位以后，秦国国内的局势并不乐观。秦国经历了数百年的内乱和外战，国民贫苦，经济落后，生产技术落后，军事、政治等方面皆不如东方六国。但是秦人不屈好战，秦人的骨子里流淌着一腔英雄的傲气和斗志。“赳赳老秦，共赴国难！”这句话反复出现，激发了秦孝公嬴渠梁的复兴秦国的决心。他深藏屈辱，在六国夹攻下苟延残喘，发誓变法崛起，便下令招贤。这时在魏国久居而不得志的商鞅辗转来到秦国，并凭借一身才学和对天下局势的清醒认识而得到秦孝公重用，君臣二人相知相托，在秦国掀起了影响深远且饱受争议的变法。

当然，历史上的商鞅也经历了许多的挫折。其中代表旧贵族利益的甘龙、杜挚等人百般阻挠，他们认为利不百不变法，功不十不易器。“法古无过商鞅变法，循礼无邪。”面对这种因循守旧的思想，改革家商鞅毫不客气地加以反驳：“前世不同教，何古之法？帝王不相复，何礼之循?”“治世不一道，便国不法古。汤、武之王也，不循古而兴；殷夏之灭也，不易礼而亡。”好一个“治世不一道，便国不法古”。正是因为商鞅不曾因循守旧，不惧怕旧贵族势力，敢于打破陈规，在风云际会的历史机遇面前抓住机会，遇到明君知己，这才得以施展自己经天纬地的才能，通过一系列的变法政令，废井田、开阡陌，实行郡县制，奖励耕织和战斗，实行连坐之法，使得秦国迅速变强，经济实力和军事实力都已经赶超东方六国，后来发展成为战国后期最富强的封建国家，为后世秦始皇统一六国奠定了雄厚的基础。

打破各种条条框框的束缚，敢为天下先，这样的逻辑达人才有可能成为最后的成功者。那些在陈旧观念中安于现状的人们最终也将会如同六国一样，被历史淘汰，成为因循守旧的反面教材。所以，我们要勇于突破自己的局限。用辩证运动的观点、用发展的眼光看世界，切莫故步自封、自取灭亡。

2. 思维僵化只会越来越脱离潮流

在逻辑学中，推理是人们认识世界和梳理思维的重要方法。但是有的人在用推理梳理自己的思维的时候却没有理解逻辑的精髓，只是记住了这是一道类似于 1 + 2 = 3 的数学公式，但是在碰见类似的问题（如 1 + 3 = ?）时却茫然不知，这样的脑袋其实还是缺乏系统的逻辑思维。

其实简单地说，逻辑思维要教我们的并不是如 1 + 2 = 3 这样的公式，而是当 3 - 1 的时候能够灵活运用，不至于茫然不知。逻辑思维传授的不是知识，而是思考的方式。所以，逻辑思维最忌惮的就是思维僵化，不懂变通。如果思维僵化，我们所有的大脑储备就完全失去了意义，因为我们并不能灵活地运用这些知识。更可怕的是，一旦思维僵化，无论是谁都会被这个快速的时代无情地抛弃，更别提紧跟时代潮流了。做事要敢于创新，绝不能墨守成规，不知变通。当我们遇到特殊情况的时候，应该懂得灵活应变，而不是老按照旧方法、旧套路来。否则，不但不会解决问题，而且还有可能让自己输得很惨。僵化的思维是历史前进的绊脚石，真正成功的人，本质上流着叛逆和创新的血。

苹果公司是美国的一家高科技公司，这家电子巨头的核心业务为电子科技产品，总部位于加利福尼亚州的库比蒂诺。1976 年 4 月 1 日，史蒂夫·乔布斯、斯蒂夫·沃兹尼亚克和罗·韦恩三人联手创立了苹果公司，这家公司很快在高科技企业中以创新而闻名，并且得到了快速的成长。1980 年 12 月 12 日，苹果公司公开招股上市，之后苹果公司迅速进入世界前 500 强的行列。但是快速的发展也给苹果公司带来了虚荣的满足，他们还是故步自封，对市场和科技发展不再那么敏感。他们的设计和产品总是在得过且过，由此一大批失败的产品动摇了苹果的员工自信，而且更为重要的是，1985 年 4 月，经由苹果公司董事会决议撤销了乔布斯的经营大权，乔布斯在 1985 年 9 月 17 日愤而辞去苹果公司董事长职位，卖掉自己苹果公司股权之后创建了 NeXTComputer 公司。不久，微软的新产品 Windows 95 系统诞生并席卷全球，苹果电脑的市场份额则一落千丈，这个庞大的科技巨子甚至面临生死的威胁。与之相比，苹果的重要竞争对手微软公司借机腾飞，迅速占据了业界的第一把交椅。痛定思痛，苹果后来终于再次赢回他们的掌舵人。1997 年，乔布斯创办的 NeXTComputer 公司被苹果公司收购，乔布斯再次回到苹果公司担任董事长。乔布斯带领苹果公司突破原有的思维僵局，锐意进取，戒骄戒躁，一步步地取得新的突破。2007 年，苹果推出了 iPhone，之后该产品迅速席卷手机市场，苹果也成为智能手机的掌门人，在智能手机行业独领风骚。

对于一家电子科学领域的公司来说，思维僵化那就是自找死路。创新往往来自一种颠覆性的思维，而且越是敢于创新的人，越能取得更大的成功。颠覆性思维，图谋的不是改良，而是变革，是彻底的改变。我们的目的不是为了推翻，而是为了推翻后建立一个更加有活力、更加有生命力的东西。当别人抱怨这个社会竞争太激烈了、没有机会的时候，很多有创新思维的人已经找到了新的发财契机。如果你抱定这个想法而不想办法去激活自己的思维，那么对不起，真的没有机会了。对于思维僵化的人来说，机会从来不曾存在过。事实上，在企业界有一个高明决策者都知道的原则："做别人不做的事"。因为市场不是人为能控制的，见到什么能赚钱，很多人都会抢着上去，大家一拥而上，赚钱的空间就瞬间被挤压得所剩无几。所以，很多人都会在这个社会寻找别人没有发现的商机，做别人不愿意做的事情。如果我们愿意动脑，开动思维，而不是让它僵化在某一处，还是可以想到更好的点子来实现自己的梦想的。瑞典有个"填空档公司"，专门生产、销售在市场上断档脱销的商品，做独门生意。德国有一个"怪缺商店"，经营的商品独特而令人费解，但是却有人不断前来这里寻找商品。他所卖的商品包括六个指头的手套、驼背者需要的睡衣等。这些商人所做的并不是大宗的买卖，并不是日进斗金的生意，但是却能保证自己绝不赔本。这一点比起那些一窝蜂儿扎堆投资最后却被套进去的人而言高明多了。

脑子更灵活一点儿，打开我们思维的快车，这样，另一番智慧的天地自然会展现在我们眼前。许多成功者并不是死脑筋的人，他们的思路开阔，能够用标新立异的做法突破常规，喜欢出奇制胜，讨厌因循守旧，最后遇到危机时往往能转危为安，打破僵化思维的封锁，登上成功的快车。

麦考密克是美国麦考密克公司的创始人，是美国工业家、发明家。他是近代收割机的发明者之一。1834 年，他创制的一台收割机获得专利，并且在伊利诺伊州芝加哥市建立工厂，开始大规模地生产收割机。但是随着他的企业越做越大，作为企业掌舵人的他因为自己豪放的个性而影响了公司的发展，他落后的管理思维也逐渐落后于时代，公司的业绩受到新市场的冲击，越来越不景气。于是，麦考密克按照以前的思维决定裁员减薪，这下不但没有收到奇效，公司反而更加不景气了。后来，他得病去世了。他的外甥 C. 麦考密克成为企业新的掌门人。下车伊始，他就作出了和前任相反的决定：员工薪水增加 10%，工作时间适当缩短。这项决定让企业的职工惊讶不已，新老板的新决定让人匪夷所思。但是后来的事实证明这项决策具有决定性意义，此后，企业士气大振，上下同心，一年内他们的企业就已经扭亏为盈了。

时代不同，思维方式也就不同。让现代年轻人着汉服、跪师长、学祭祀、骑马、射箭会让很多人笑掉大牙。同理，麦考密克没有紧随时代步伐，管理思维老化、不知变通，给员工减薪加大了职工的危机感和不安，让企业的困境雪上加霜；小麦考密克看到当时民权运动的兴起和新管理方式的出现，于是果断加薪，员工感其恩义、奋起直追，好的创意不仅可以使这家公司免于灭亡，最后还使企业起死回生。这就是运用逻辑思维、突破思维僵局的典型案例。

3. 钻思维的牛角尖，你将可能输掉明天

打破陈规往往意味着对传统的颠覆，这个时候，我们要学会创新，学会面对更多来自内心的压力。什么压力？逻辑的压力。为什么会有逻辑的压力呢？道理很简单，当一个人习惯用 A 方法思考的时候，他在脑子里会逐渐认同这种方法对他的思维和为人处世更有利，于是他就会倾向于保护这种思维方式，这种保护累积到一定程度，会导致一个人养成思维定式和思维惯性，最终演变成可怕的顽固。这就是创新和打破陈规要面临的内心压力。

顽固的人的思维就像一条悠长但是没有出路的死胡同，他们宁愿一条路走到黑，甚至一条路走到死也不愿意回头。顽固的人喜欢钻牛角尖，他们的思维方式存在着很大的问题，但是他们自己却视而不见。

不过有一个很有趣的现象，很多顽固不化的人并不会承认自己顽固。这种现象值得玩味。为何会是这样呢？事实上，很多顽固的人不会认为自己在犯错，不会主动承认自己在钻思维的牛角尖、自己的逻辑快车行驶在错误的轨道上，更多的人认为自己在坚持真理。

美国著名的作家约瑟夫·海勒于 1961 年发表了一部著名的反战小说，小说的名字叫《第二十二条军规》。这部小说通过漫画式的夸张

荒诞的手法，讲述了“二战”时期美国一个空军中队的故事，小说情节荒唐滑稽，人物性格反常无理，被视为黑色幽默文学的经典作品，对20世纪世界文坛有着巨大的影响。书中的那个荒唐但是无法抗拒的第二十二条军规就是经常走向逻辑死角的顽固主义者的写照。这条军规说，只有疯子才能获准免于飞行，但必须由本人提出申请。可是若一个飞行员能意识到飞行有危险而提出免飞申请，就说明他是一个头脑清醒的人，应继续执行飞行任务。用在这里可以这样解释顽固主义者的思路：我不是一个顽固分子，因为我坚持真理，所以我不怕走进死胡同、不怕钻进牛角尖，因为就算是钻了牛角尖，但是我还是在坚持真理，所以我并不是顽固分子。

西方有句名言来概括这种现象是最合适不过了：“伟大和疯狂不过一线之差。”顽固的人认为自己在坚持真理，但是他们的真理却最终敌不过大众的真理，他们的逻辑思维存在着致命的漏洞，最后会将他带入死胡同再也回不了身。历史上、生活中无数这样的例子已经证明了这一点。

从人类历史的进程来看，瓦特是一个了不起的男人。因为他是世界公认的蒸汽机发明家，他在生活实践中发现了能够改写人类历史的真理，同时这也有逻辑思维的功劳。同样是逻辑达人，瓦特看到烧开水的水壶里的开水不断向上翻滚甚至顶开了壶盖，这在常人看来也许要赶紧关火或是提起水壶走人，迟一点要挨骂的：“这熊孩子，发什么愣啊。”普通人的认知和思维并没有把这件事当成什么大事，可是瓦特却从中发现了关于动力和能源的玄机。普通人的思维还在传统的、固有的认识世界里转圈，烧水—水烧开—壶盖被顶开—赶紧把水提走—再烧一壶。事实上，这也是陷入了思维的死胡同里，但是瓦特从中发现了点什么，于是后来他改进了技术，发明了更为实用的蒸汽机。他的创造精神、超人的才能和不懈的钻研为后人留下了宝贵的精神和物质财富。瓦特改进的蒸汽机是对近代科学和生产的巨大贡献，具有划时代的意义，它导致了第一次工业技术革命的兴起，极大地推进了社会生产力的发展。但是，后来的瓦特与发现壶盖被顶开的瓦特又不一样了。到了 1794 年，瓦特与博尔顿合伙组建了专门制造蒸汽机的公司。公司成功经营，盈利丰厚，到 1824 年就生产了 1165 台蒸汽机。瓦特因此赚了很多钱。但是赚钱之后的瓦特开始做着和科学精神相违背的事情。他不允许他的手下同时也是一位精心探索的科学家威廉·默多克参与其高压蒸汽机的研制，最终导致这项发明迟迟不能推出。他还想方设法地压制其他工程师的发明工作，百般阻挠，最终很多新型独特的发明因为瓦特的干涉而流产。他对于自己拥有专利的蒸汽机非常自信，甚至认为蒸汽机就应该是这样的，对于蒸汽机只能是这样的，对于在新型的技术和其他应用领域的蒸汽技术一概鄙夷，比如说他对用蒸汽机来推动车辆极为反感，认为这是不可能的事情。并且对于有违他发明专利的理念的双筒蒸汽机和高压蒸汽机一概鄙弃并想方设法地搞破坏，最终，这位伟大的发明家除了蒸汽机还有他的顽固之外，留给历史的只有更多的遗憾和惋惜。

顽固的人没有向传统挑战的勇气，创新往往就不会诞生。前期的瓦特和后期的瓦特判若两人，前期的瓦特敢于发现和挑战传统，最终发明了让自己受用一生的蒸汽机；后期的瓦特顽固地钻牛角尖，他自己却并没有意识到这点，或者意识到了却不认为自己是错的。他开始变得传统、保守，面对创新的挑战只能顽固地坚守自己的旧有逻辑，不断地钻思维牛角尖，阻挠任何与自己的发明不同的想法，最终获得了一个一事无成的晚年。

顽固不化的人并不会承认自己顽固，而真正想要走出来就要睁开眼睛看看外边世界正在发生什么。顽固的人不会认为自己在犯错，这是人之通病，就算不顽固的人也不会轻易否定自己。关键在于，我们是否正确地认识了自己，我们的逻辑思维是否走进了死胡同，我们是不是正在用错误的逻辑麻醉自己呢？不管你自己是否在钻思维的牛角尖，首先我们要让自己静一静，想一想，看一看，不要盲从于自己内心的欲望，应该追求内心最真诚的执着，让自己的逻辑快车从错误的轨道上开回来，坚持真理，而不是坚持错误。

4. 解放思维，你将会引领时代

某一年，全国气候风调雨顺，各大苹果种植基地的苹果树上硕果累累，眼看就是一个丰收年。但是根据市场预测，这年度的苹果将供大于求，苹果的价格势必会因此降低不少，众多的苹果供应商和营销商暗叫不好，这样一来势必损失不小！但是有聪明的苹果供应商总是能想出好的点子，让自己的产品适应这种市场供求变化，卖出了好价钱。原来这位聪明的供应商没有按常理出牌，他一开始就已经预料到今年的市场供求关系，于是抢先在产品上下功夫，做到人无我有，人有我优。他命令部下把提前剪好的包装套套住苹果，在苹果包装上预先剪好如“福”“寿”“喜”“昌”等字样。由于阳光照射不均匀，最终苹果上也就留下了痕迹——有的上面是清晰的“寿”，有的是“福”，有的几个苹果连在一起就是“福如东海，寿比南山”。喜欢新颖独特造型的人们看到这种新鲜的带有祝福意味的苹果怎能“坐视不管”，于是这种祝福苹果一入市场就很畅销，而其他苹果商却还在为低价的苹果心里暗自滴血呢。

科学家研究，人的思维具有非常强的可塑性，如果我们一直运用线性思维、常规思维，那么慢慢地我们的思维就容易固定这种思维模式，而且因为大众的惯性思维模式就是常规思维，就是线性思维，一就是一，二就是二，所以我们就和大众一样，都是惯用常规思维的人。可是，如果我们有人突破了这种思维定式，解放自己的大脑，运用创新思维而取得了一些成功的话，那么我们就可以在某些方面有所突破，创造一些常人做不到的奇迹，那么慢慢地你就会发现自己已经超越了同辈，走在了时代的前列。

可以说，很多人难以成功的重要原因就是自己的思维方式老化或者说不灵活，无法取得创新和突破。如果遇事先考虑大家都怎么说、大家是怎么干的，秉承求同思维去做事，那么无论干什么都难有成就。

不去独立思考，不会独辟蹊径，我们原有的创新意识就会被束缚、被雪藏，这样的你或者我，都是一个泯然众人的路人而已。

当然，解放思维并不是一件容易的事情，很可能遇到各种阻力。比如近代女性胸罩的发明，就是一个典型的例子。

古代女子上身穿什么内衣呢？在中国古代，女子穿的叫抹胸，俗称肚兜。这是一种胸间贴身小衣，一般以方尺之布制成，紧束前胸，目的是怕风邪侵入。此外肚兜也叫奶头布、袜腹、袙服、肚兜等。虽然宋以后我国古代女子地位下降并且被迫缠足，但是在西方，女子的上身也是被压迫的对象。西方女子在古罗马时期开始穿胸衣，并且在欧洲文艺复兴之后，因为普遍意义上认为当时女性的内衣显得太放荡，于是开始出现了折磨女性上身的紧身束衣。西方女性被迫在自己的胴体上构筑了严密的堡垒，几乎是残酷地用厚厚的布条将自己的胸勒起来，很多女士因此而导致肋骨骨折、流产、内脏移位等。后来，随着女权运动和现代纺织技术的发展，解放女性的胸部成为一种大势所趋，可是传统观念的力量依然很强大。这个时候，有很多人做出了许多方式的努力，终于为新时代的女性迎来了身体上的解放。

出生于俄罗斯的依黛在美国纽约经营着自己钟爱的服装生意。那个时候的美国依然和欧洲一样保守，对待女性也是要求束胸的，美女的标准之一就是胸部像男人那样平坦。所以很多女性从小就把胸部紧紧地包扎起来，这种痛苦并不是一般人能够体会得到的。有一次，依黛的老客户也是好朋友邓肯太太说：“我的最小的女儿的胸部比一般的女孩要丰满，但是她要出门就要被迫弄得像男人那样平坦，这样做也太痛苦了，如果能够把她的衣服给改一下，这样也许可以让她少受一点罪吧。”

依黛虽然没有受过正规的服装设计的培训，但是凭着她对服装设计的天分和敏感，她觉得这是一次极好的时机，可以施展自己服装设计的天赋。好朋友的要求，立即引发了她的创作冲动。

她当机立断，要抓住这个机会。但她所面临的困难不仅仅是技术上的障碍，更重要的是传统观念的阻挠。当时社会对于解放胸部的行为是不会轻易容忍的，即便有识之士认为这样做更符合人性和女权解放的宗旨，但是毕竟有这种认识的人力量微小，尚且难成气候。如果一下子就把传统的观念抛开，可能就会招致惨败。所以，依黛选用了一个折中的方案：她先用一个小型的上衣来代替现行束胸的带子，然后在上衣的胸前加上两个口袋，以此作掩护，这一方法相当有效果，巧妙地避开了当时传统卫道士的视线，也没有引起社会上的轰动，同时又在某种程序上减轻了女性束胸的痛苦。所以，很快，这种突破传统思维的设计款式畅销一时，小店的生意也红火了起来。有了这一层铺垫，依黛更加大胆了，在得到许多人的认可后，她大胆地突破自我，解放思维，运用自己的发散思维将原来的衣服款式结合欧洲新型的内衣款式，终于创造出了一款更为时尚、轻便且独立的胸罩，并且迅速推向全美市场。

在今天看来，女性的胸罩制作工艺和款式等并不算太难，可是这个在今天看来如此简单的东西却是那个时代的人们经历了几代的服装设计师的辛苦探索，在思想上突破传统与陈规之后的最终产物。他们需要解放自己的思想和思维，并最终解放了那些饱受束胸之苦的西方女性。开创了一个女性服装的新时代。这既是人性的胜利和女权的解放，也是一种思想的解放，是胆略和勇气的胜利，是逻辑思维的胜利。

唯有解放思维，才能解放自己。解放了自己，也就可能解放一个新的时代。

5. 逻辑思维是实现成功的重要推手

人生漫漫征途，总有人迷失在自己的脚下。活着就是为了一直走下去，谁也不愿意一直停留在一块令人熟悉到厌恶的地方吧，可是等我们想要迈步的时候总会发现离开自己已经习惯的地方竟然有这么困难。

我们的思维如果久留某地，我们就会变得迟钝、愚蠢和顽固，就会安于享受这里既有的一切。一个鲜活的生命会因为难以割舍既有的成就而被迫被自己的陈旧思维或是惯性所狙击，所以，不要沉迷于过去，不要沉迷于曾经，在我们眼前的世界里，只有一个词汇永不褪色：前进。

一个自大或者懒惰的人总喜欢往后看，喜欢找找前人的经验，看看古人的思维模式。比如说盖一座房子，有的人不先对采光、交通等方面进行考究，却先去问问风水先生该怎么保住自己的好风水；比如说出兵打仗，有的人就把《孙子兵法》翻得烂边烂角的，最后还是败得一塌糊涂。这些人就是犯了墨守成规的错误，最后只能自食其果。

安史之乱后，盛世大唐不再，另一个乱世渐渐铺开。太子李亨逃出长安，并在手下的拥护下在灵武即位，历史上就是唐肃宗。唐肃宗李亨召集人马，准备反攻叛军。

这个时候从四川追随而来的房琯便毛遂自荐，在这年十月上表皇帝，请求亲自统领大军收复两京失地。唐肃宗对于这位前朝元老很是器重，于是任命他为持节、招讨西京兼防御蒲潼两关兵马节度等使，让他与郭子仪、李光弼等大将一同征讨叛军。可是这位前朝元老在获得极高的军事指挥权后，在选择谋士团时却看走了眼，他任命邓景山、李揖、宋若思、贾至、魏少游、刘秩等书生为幕僚，挥师东进，分兵三路，围攻长安。叛军出阵，两军约战，这时候房琯就与他的书生谋士团商议破敌之策。也不知是谁第一个想起了馊主意，竟然把思路拉回到一千年前的战国时期，提出要用战国时期齐将田单以火牛阵大败燕军的计策，效法古制，以车战对敌。给敌人来个出其不意，可一举而定也。最高指挥官房琯点头答应，最后大军就用数千头老牛拉着战车，烟尘滚滚地杀向长安了。两军相遇，一边是严阵以待的叛军骑兵，一边是不听调度、乱成一团的王师牛车阵，看得叛军主将安守忠哈哈大笑，唐军大将个个摇头。后来安守忠看出唐军主帅不懂用兵还乱套古人经验，于是令部队迅速转到上风的位置，堆起柴草就顺风纵火烧向了唐军的牛车阵。当时战场上万鼓齐擂，叛军喊杀声如雷而至，老黄牛一看就乱跑乱窜，唐军还来不及迎击叛军，就被老黄牛踩死、踩伤无数。最后唐军尸横遍野，死伤四万余人，收复长安也成了空谈。

规矩是用来打破的，经验是用来借鉴的。决策时，一定要注意，不能生硬地照搬前人的经验。前人的经验并不是万金油，不是随便拿来就能用的，不仅如此，包括自己的过往经验，一个行业的陈年旧规等，都是过去的成功，现在的借鉴，并不一定适应现代的规则。所以，迷信经验和过去的人们啊，擦亮眼睛吧，可以助我们成功的途经只有一个，那就是逻辑思维。

放眼世界，那些成功的企业家并非个个都是天才，他们的成功之路也是靠着自己的努力和良好的思维方式和管理模式一步一步地走过来的。他们绝对不会有墨守成规的行为，因为他们知道，创新和严谨才是带领他们走向事业成功的天使之翼。创新不仅在今天十分关键，在过去和未来，创新思维在各个领域都起到了重要的作用，唯有创新，坚持创新并且坚持逻辑思维，这样才能更加轻便地突破传统，才能赢得世界的尊重。尤其在当今政治、经济飞速发展的时代，创新和逻辑思维越发显得重要。

在经济学界，有一位著名的经济学专家提出了这样一条理论：人类社会进入了互联网时代以后，在网络经济方面需要更多的人抢占最新鲜的市场，而那种抢先进入市场的第一代产品能够自动获得 50% 的市场份额。这条定律获得了无数人的认同，并且用他自己的名字来命名，这就是英特尔公司前副总裁威廉·H. 达维多的著名的“达维多定律”。这一条定律将创新从概念认知方面拔高到理论的积极首肯地位，让无数想要出人头地的企业发现了真理，于是大家将其奉为圭臬，积极地投入到科研研发的领域。目的就是利用创新和逻辑思维抢占市场的主导地位。这种现象屡见不鲜，各行各业的新产品都是有针对性地满足用户的需求，虽然一开始这类产品并不完美，但是却能以最快的速度俘获更多的消费者的心。

有的企业在本产业中会不断用创新和逻辑思维来推翻自己，并且毫不怜惜地淘汰自己的产品，如果自己做不到产品的更新换代，恐怕更为强烈的竞争很快就会淘汰你的产品。案例中的英特尔公司在产品开发等方面奉行达维多定律，他们对待自己的产品会更为严格，他们的处理器必须是性能最好的和速度最快的，这一点英特尔一直在坚持。

"达维多定律"告诉我们，怎么做才能在竞争中领先呢？逻辑分析，创新创优，这样才能处处快人一步，先入为主，抢占最优、最大的市场空间。

可以说，创新思维是人最宝贵的财富，在创新的过程中再整体运用逻辑思维掌控全局，这样的人就相当有战斗力，如果还能审时度势，积极把握稍纵即逝的时机，那么缔造多大的奇迹都有可能。牛顿看到落地的苹果没有馈而食之，经过严密、认真地观察和逻辑推理之后，发挥他的创造力和科学思维，发现了伟大的"万有引力定律"；美国的莱特兄弟从飞翔的羽翼间探索出一架真正的飞机，用创新思维和逻辑探索给人类插上了飞往天空的翅膀，他们没有盲目，没有放弃，最终运用逻辑思维找到了他们的价值。

6. 掌握实用逻辑思维有妙招

万事万物，虽轮回无常，春夏秋冬，却四时有序。认识自己，认识万物生灵，掌握一定的逻辑思维，打破陈规，打开套在自己脑子里的枷锁，需要学会一些基本的逻辑思维妙招。

首先，要掌握变通的逻辑思维。

为什么把这一点提在前面呢？很简单，唯有懂得变通，才会不白忙活。一个人如果没有随机应变的能力，那么不管付出多么大的努力、付出多少代价也于事无补，最后只是辛辛苦苦地白忙活一场。所以，要打破常规，需要的是懂得变通。许多人陷入困境正是由于自己对于以往的生活缺乏认真反思的态度和方法，最终一败涂地。固执地不愿去改变，即使再努力，恐怕也体会不到成功带来的喜悦。如果你能学会那么一点儿变通，恐怕以后某个时刻你会为自己感到骄傲呢！

城里动物园里新来了一只袋鼠，动物园的管理员将其安排在有着又高又结实的围墙里，他每天都来看一看袋鼠的情况，吃饭了没有？长高了没有？有一天，他发现袋鼠竟然从围墙里跑了出来。怕袋鼠再次跑丢，于是管理员将袋鼠的围墙又加固了一米长。这下应该再跑不出来了吧。可是，第二天，管理员发现袋鼠又跑了出来，还在围墙外的树丛里撒欢似的蹦跳着，于是管理员立刻将围墙的高度加了 2 米，把袋鼠捉了回去，严加看管。第三天来的时候，管理员看到在外边玩的袋鼠时，肺都气炸了，于是立即加高围墙，并且一下子加了 4 米。不料，第四天来的时候，调皮的袋鼠还是跳了出来，让管理员崩溃不已。后来住在树上的小鸟看到这样的情况，觉得很有意思，就问袋鼠："为什么这个管理员要不停地砌墙，难道真的是管不住你吗？"

袋鼠回答说："这个真不知道。很难说，5 米，10 米，就算是加固到 100 米也很难说，因为管理员老是忘了把围墙的门锁锁上。"

也许那个管理员还在自问自责："为什么总是这样，我哪里做错了？"而一些从未成功过的朋友，也一直都喜欢问同样的问题。那么，故事中袋鼠的回答就是最好的答案了：

"因为管理员老是忘了把围墙的门锁锁上。"

射箭，要选好靶心再放箭；走路，要知道路在何方才能走到终点。动物园的管理员如果没有发现自己的真正问题所在，说不定还是要一直往高处砌啊砌，但是袋鼠一直都能跑出去溜达。我们不能学这个管理员，看不清问题所在，找不到核心思路，只会一味地蛮干，做着老套而没用的事情，还不如静下心来想一想，到底哪里才是问题的核心。

这个故事也说明了另外一个问题，这个管理员还有一种定式思维的症结。思维定式是扼杀创造力的元凶之一，有些事情并不能只看表面，如果我们也像管理员一样对袋鼠逃出围墙，只是凭借着经验轻易下判断，然后也不再观察和推理了，直接砌墙，没有作用，再砌！错了！就算砌到月球，袋鼠恐怕还是能跑出来。正是因为我们随着知识的积累、经验的丰富，我们判断事物越来越循规蹈矩、依赖经验了，所以最后我们往往会以失败告终。可以说，思维定式已经成为人类超越自我的一大障碍。必须突破思维定式，才能迎来一场新的思维大解放！

我们需要怎么的思维才能冲破各种局限，学会做一个逻辑思维的强者呢？

有一只小狐狸，它看见一座院子里长着很多红色的诱人的大葡萄，小狐狸动心了，于是找来找去，终于找到了一个小洞钻进了大院子里。院子没人看管，于是小狐狸来到这儿后大吃特吃起来。终于吃饱了，小狐狸满意地拍拍肚皮，又来到那个洞口想要钻出去。但是，小狐狸吃得太胖了，洞口太小了，小狐狸挣扎半天最终还是钻不出去。这种现象就叫作霍布森选择。什么叫霍布森选择？霍布森选择是什么意思呢？据说霍布森是英国伦敦的养马场场主。他养了很多马，品种也很多，有高马有矮马，有花马有纯色马，有肥马也有瘦马。霍布森经常对来参观的游客说："你们挑我的马吧，可以任意选，但是选出来后要经过马圈旁边的一个很小的洞门。"而这个洞门是选马之人的唯一出口，所以，不管你选多大的马，到最后谁也没能牵着马走出来。后来逻辑专家就把这种现象叫作"霍布森选择"。那些马和小狐狸看到的葡萄等就像人的各种精彩的思维模式和方法，虽然能够一睹原貌，但是没有能够打开思维世界的大门，最后我们见到的那些哲学、逻辑学的精彩论述，也没能为我所用，思维始终处于封闭状态。所以，从这两则故事中我们得出结论：我们要采取多向思维法，打破常规，打破限制，做好你自己，按照逻辑、按照规律、按照常规去推导，往往事半功倍。

可以打开思路，启动头脑风暴，用发散思维寻找或撞击灵感。也可以倒过来想一想，在逻辑思维的因果关系中反证，如果能用结果推出原因，这说明这种方法可以一试。这种方法其实也可以算作是逆向思维。比如一个人去洗澡时对于后背等够不着的地方只能拿毛巾反复在背上来回搓拉。有人后来就想，用手来回拉动毛巾这个过程又费劲又疼，如果倒过来想，把毛巾固定在墙上，或者将其他类似的物体固定在墙上，然后用自己的后背在上面搓，不但省力而且更加自在。这就是逆向思维的妙用。

逻辑无高低贵贱之分，思维没有单纯的好与坏之分。只要能够利用这些人类的智慧打破传统、惰性、思维定式等，通过改变一些细节而取得成功的事例在现实生活中比比皆是。总之，要想做一个逻辑达人，就要多积累、多学习，正视传统和偏见，尊重大环境，调动脑细胞，调整逻辑思维。

第六章
善用逻辑思维能提高你的执行力

谁都喜欢能力强，谁都喜欢自己的执行力强。但是，有时我们很努力，而执行力却一直不强。逻辑思维能帮助我们解决这个困惑。我们通过不断地锻炼逻辑思维，厘清事情的内在关系，提高我们的执行力，让我们的能力变强。

1. 逻辑思维提升个人执行力

在当下这个执行力决定成败的时代，提高个人执行力的正确方式应该是突出思维重点、突破障碍、采取灵活的方式抓好目标的落实。这些高效率的方法都离不开逻辑思维的主导，也就是一种逻辑思维导向的高效执行力。

理解逻辑思维执行力：

所谓执行力，就是针对事物终极结果所做出的行动。从哲学的角度来讲，其实就是两个方面：一是逻辑决策，二是执行。推动个人、社会和各项事业的发展，既要有正确、科学的逻辑决策，更要有坚强有力的执行。执行力的强弱和我们的逻辑思维息息相关。执行力的强弱，不仅体现逻辑思维的正误，决定着发展速度的快慢，同时也决定着发展质量的好坏。执行力强工作就有成效，执行力弱就一事无成。

关于执行力的重要性已经不言而喻，经典的论述更是存在很多，比如，如何将信送给加西亚等，但加西亚的故事在逻辑性的理解中更像是一种奴隶式的盲从，个人当然需要强大的执行手段，但是执行力并不是靠盲目或者不择手段的方式来实现的，唯一重要的是正确地做事和有逻辑、有明确目标地做事，这才是正确的执行力。

（1）正确地做事，首先意味着运用逻辑思维的方法来指导我们的工作，所谓逻辑思维就是用几何化的方法来表现我们的目标，对经验过程的决定性事件做有序的排列，在逻辑上找到实现目标所必需的关键性步骤。

逻辑能力是执行力的基础，逻辑可以帮助我们突破经验的局限，实现自我超越，因为我们设定的目标一定是我们现有能力所不足以轻易实现的，所以逻辑的方式可以帮助我们找到正确做事的方式。

（2）任何宏大的目标都发端于一个微小的细节。既然目标是我们轻易不能达到的，那么从微小处出发不仅是必需的，也显得更顺理成章。在逻辑的引导下，从细节开始发散。

逻辑思维推动执行力：

逻辑思维引导下的执行力是指合理、正确思考的行动力，即对事物进行观察、比较、分析、综合、抽象、概括、判断、推理的能力，采用科学的逻辑方法，准确而有条理地实现自己思维过程的能力。

著名古典派哲学家黑格尔说过：“逻辑是一切思考的基础。”大数学家高斯也曾经说过：“人必须拥有清晰的逻辑思维能力，因为这是一个人理性与否的重要标志。”逻辑思维能力是一个人做出正确判断和迅速决策的基础，如果没有出色的逻辑思维能力，那么，人的大脑必将是一片混乱，做事毫无头绪。世界500强企业十分看重员工的逻辑思维能力，逻辑思维是员工必须具备的一种思维能力。身为一名员工，如果拥有出色的逻辑思维，那么你将会在工作中取得进步，提升自己的行动力，实现职场梦想。

逻辑思维体现在思想、观念和行动策略方面。行动力体现在果断性、执行力和有效性方面，特别是在体现行动的有效性方面。我们有许多实践并不缺少果断性和执行力，但效果却很不好，究其原因就是这些实践缺乏逻辑思维能力，也就是说，这些实践并不承载着科学的思想和先进的理念，缺乏行之有效的符合实际的行动策略。只有在真正科学思想和先进理念指导下做出行动策略并付诸实践才能收到良好的效果，也就是说，只有通过认真精密的逻辑思维引导下的执行力才是最有效的。

德州的新特里庄园农场就曾发生过因为逻辑思维不完善而导致执行力滞后的严重损失。一天，农场饲养员发现农场里的大部分牛都不吃草和饲料了，他将这一奇怪的现象报告了农场主，农场主说：“那就是饲料和草不合牛的胃口了吧，立刻换买新的饲料来喂牛。”而饲养员觉得不该是饲料的问题，他怀疑农场的牛群是否感染了最近流行的动物肠胃流感才导致不吃食物的。饲养员的提议没有被采纳，农场主也不怀疑牛群的健康问题，决定买来新的饲料喂养牛群。过了几天，大家发现牛群还是不肯吃新的饲料，这才找来了兽医为牛群治病，幸好耽误的时间不长，牛群大多数都被治疗痊愈了，只有少数体弱的因病死去。

德克萨斯农场的事件是个很好的逻辑学行为准则案例。由于一个错差的逻辑思维推论，得出的决定和结果就是不同。逻辑思维决定了正确的执行力，执行力决定一件事或者一个人的成败。

逻辑是进行正确思维和准确表达思想的重要工具。善于运用逻辑，有助于更好地获得理智行动的成果；不善于运用逻辑，往往使思想陷于混乱的境地。所以，提高自己的执行力就在于怎样运用逻辑思维。我们在执行之前，是否想清楚、想到位了？我们每天的工作中，有多少时间在想，又有多少时间在做呢？我们自己的思维定式、思维结构、知识结构合理吗？为什么经常会想不到、想不清呢？思路决定出路，我们应如何从想到想到位，从做到做到位？

优秀的人和一般人的差异在我看来主要体现在思维模式和执行能力上。一般人没有很清晰的思维模式，所以他们即使每天手忙脚乱却成绩平平，也不会认为自己的思维模式是有问题的。

就拿学校的考试来说，每一个人每天都在教室里刻苦学习，但总是只有少数几个人每次考试名列前茅，而一些人无论怎么努力都是成绩平平。

同样做一件事情，优秀的人和一般人的区别在于：优秀的人在做一件事情前，总是会把事情计划好，逻辑分成几个阶段，在××时间范围内实现什么样的结果，在过程中可能会出现问题和风险，然后坚决按照逻辑论断下的方法去执行。

2. 高效高能，有目标做事才够快

人生犹如一场战争，上战场一定要有逻辑思维，要有坚定的目标，没有目标的战斗一定会惨败。卡耐基说："毫无目标比有坏的目标更坏。"如果没有目标，便犹如没有舵的孤舟在大海中漂泊。没有舵的孤舟，无论怎样奋力航行、乘风破浪，终究无法到达彼岸。

要想成功，必须先要逻辑思维明确、目标明确。没有逻辑思维目标，也就没有具体的行动计划；没有行动计划，做事就会敷衍了事、临时凑合，也就没有责任感，更谈不上什么意志坚强、斗志昂扬了。没有目标，什么才能和努力都是白费。

逻辑思维可以帮助我们的头脑选定目标，这是做任何事的前提，在具有了目标的思维下，才能做出最正确的行动。做事要选定目标，但如何选择目标、选择怎样的目标也是关键。要想把事做成，就要选择正确、合理的目标。只有这样，才能更有效率地把事完成，实现既定的计划。

有一则故事说的是一群伐木工人走进一片树林，开始清除矮灌木。当他们费尽千辛万苦，好不容易清除完一片灌木林，直起腰来准备享受一下完成了一项艰苦工作后的乐趣时，却猛然发现，需要他们去清除的不是这片树林，而是旁边的那片树林！有多少人在工作中，就如同这些砍伐矮灌木的工人，常常只是埋头砍伐矮灌木，甚至没有意识到要砍的并非是自己需要砍伐的那片树林。

这种看似忙忙碌碌、最后却发现自己背道而驰的情况是非常令人沮丧的，这也是许多效率低下、不懂得卓越工作方法的人最容易犯的错误，他们往往把大量的时间和精力浪费在一些无用的事情上。任何行动一定要有目标，并有达成目标的计划。

明确的思维逻辑定制出将要达成的目标，加上高效、高能的行动，这样的方式才是最有效率的。

早上开始工作时，如果并不知道当天有什么样的工作要去做，就很容易像上面的伐木工人一样，把时间浪费在不该做的事情上。没有目标，就不可能有切实的行动，更不可能获得实际的结果。有目标才能减少干扰，帮自己把精力放在最重要的事情上。优秀员工每天进办公室的第一件事，就应该是计划好当天的工作。

逻辑思维是树立目标的关键，而目标是前进的灯塔，计划是行动的方案。没有目标，所谓的计划就没有明确的方向，像无头苍蝇只能是四处乱撞；没有计划，目标只是一句口号，没有任何意义。要知道，成功的人士都很善于规划自己的人生。他们知道自己要达成哪些目标，会拟订好优先顺序，并拟订一个详细计划，按其行事。

做事没有逻辑条理、没有中心计划的人，无论从事哪一行都不可能取得成绩。一个在商界颇有名气的经纪人把做事没有条理列为许多公司失败的一个重要原因。事实上，做事有计划对于一个人来说，不仅是一种做事的习惯，更重要的是反映了他的做事态度，是能否取得成就的重要因素。

下面是黄骏写给他儿子的一封信：

儿子：

你有没有想过，为什么每天早上从起床到上学这段时间，你总是觉得手忙脚乱的呢？你想不想从容不迫地处理好所有事情呢？爸爸告诉你一个小秘诀，其实你只需订好计划，按照计划执行，就可以避免手忙脚乱的状况了。

不要低估计划目标的重要性。有了计划，就可以把时间安排得更合理，做起事情才会井然有序。如果你总是随心所欲，想做什么就做什么，很容易发生问题。所有事情都应该分出前后顺序，一件件依序地完成，就像盖房子，必须先打好地基，才能砌墙，最后才盖上屋顶。如果先砌墙再来打地基，就会发生问题，甚至得把砌好的墙拆掉，从头做起。所以每件事情都得按照应有的程序去做，不能前后倒置、乱无章法。没有计划的生活一向杂乱无绪，不但浪费宝贵的时间，还会造成事倍功半的冤枉情形，非常不值得。所以，凡事都需要好好地计划。

排定计划时，我们必须优先处理重要的和紧急的事，这些事情容易影响我们的心情及做事的效率，优先处理这些事有助于放松心情，之后也比较能集中精力做好其他事。有计划地做事，一切都循序渐进，就不会忙中有错，也不会忘记某件该做的事，更不会发生事倍功半的状况。

之前爸爸对你说过，目标是通往成功的地图，而逻辑计划就是通向目标的行车路线，我们可以在路线中规划出许多中途站，让我们一站一站沉稳地开往终点，不会走错路。最后，对于你用心拟订的计划，也要用心努力地去完成。每天就寝前就把隔天的事情计划好，生活才会有规律，有规律的生活会让你更从容、更快乐。

你的计划监督：爸爸

人不能没有一个明确的逻辑思维，更不能没有目标和方向。目标与方向主导了我们的成就，它是驱使人不断向前迈进的原动力。若一个人心中没有一个明确的目标，就会虚耗精力与生命，就如一个没有方向盘的超级跑车，即使拥有最强有力的引擎，最终仍是废铁一堆，发挥不了任何作用。

在 1953 年，美国哈佛大学曾对当时的应届毕业生做过一次追踪研究，在这个研究中询问当时那些毕业生是否对未来有明确的目标以及达成目标的书面计划，结果只有不到 3% 的学生有肯定的答复。而在 20 年后，1973 年时，再次访问了当年接受调查的毕业生，结果发现那些有明确目标及计划的 3% 的学生，在 20 年后他们不论在事业成就，快乐及幸福程度上都高于其他的人。尤有甚者，这 3% 的人的财富总和，居然大于另外 97% 的所有学生的财富总和，而这就是设定目标的力量。

曾有人做过一个实验：组织三组人，让他们分别沿着 10 公里以外的三个村子步行。

第一组的人不知道村庄的名字，也不知道路程有多远，只告诉他们跟着向导走就是。刚走了两三公里就有人叫苦，走了一半时，有人几乎愤怒了，他们抱怨为什么要走这么远，何时才能走到终点。有人甚至坐在路边不愿走了，越往后走，他们的情绪越低。

第二组的人知道村庄的名字和路段，但路边没有里程碑，他们只能凭经验估计行程时间和距离。走到一半的时候大多数人就想知道他们已经走了多远，比较有经验的人说："大概走了一半的路程。"于是大家又簇拥着向前走，当走到全程的3/4时，大家情绪低落，觉得疲惫不堪，而路程似乎还很长，当有人说："快到了！"大家又振作起来加快了步伐。

第三组的人不仅知道村子的名字、路程，而且公路上每一公里就有一块里程碑，人们边走边看里程碑，每缩短1公里，大家便有一小阵的快乐。行程中他们用歌声和笑声来消除疲劳，情绪一直很高涨，所以很快就到达了目的地。

当人们在逻辑思维引导下，在行动中有了明确的目标，并且把自己的行动与目标不断加以对照，清楚地知道自己的进行速度和与目标相距的距离时，行动的动机就会得到维持和加强，人就会自觉地克服一切困难，努力达到目标，这就是逻辑思维对于我们制订妥善的目标计划起到的决定性作用。

逻辑思维能够使人在面对问题时，立刻从中分辨出最简洁有效的方式方法。逻辑思维是头脑的保障，更是人生赢得成功的首要条件。

3. 遇到复杂的事，抓住核心就简单了

逻辑思维使我们的大脑拥有分辨问题和找到问题核心的能力，逻辑思维在大脑整体思维网络之中占据着主导地位，大脑通过逻辑来明确外物的特性，从而转换出一系列应对的方法。

在生活和工作中，逻辑思维不但能够帮助我们善于发现问题、解决问题，更能找出问题的重点核心。这才可以达到切中肯綮，“药到病除”，而“头痛医头，脚痛医脚”这种只看问题的表面现象，结果只会舍本逐末，费力不讨好。我们做事应该像中医诊断病人，要“望、闻、问、切”，找出病根对症下药，才能治标治本。也就是说，在复杂的事情当中，要运用逻辑思维法则找到问题的核心点。

对于一个病人：能找到复杂病情的核心“病根”，就能治好病；对于一份工作：能找到工作的核心就能把任何繁杂的工作做好；对于一个企业：如能找到阻碍公司发展的种种核心问题，随之扫除一切阻碍企业发展的“绊脚石”，这个企业肯定会插上腾飞的翅膀！

在逻辑思维中找到复杂事物的核心，使得复杂变为简单。一个复杂事物的背后往往有一个简单的本质核心，之所以复杂，大多是我们自己主观地把简单核心包裹起来了，使清晰而简单的本质变得复杂难

解。法国著名哲学家、数学家、物理学家笛卡尔说过："我只会做两件事，一件是简单的事，一件是把复杂的事情变简单。"能够制造与解决复杂事物的人才能叫聪明人，能够把复杂的事情变简单的人才是拥有智慧的人。

最近广泛流传着这样一则故事，一家国际知名的日化企业和位于中国南方的一家小日化工厂分别引进了一套同样的肥皂包装生产线，但是投入使用后却发现这套设备自动把香皂放入香皂盒的环节存在设计缺陷，每100只皂盒中就有1~2个是空的。这样的产品投入市场肯定不行，而人工分拣的难度与成本又很高，于是，这家跨国大公司就组织技术研发队伍，耗时1个月，设计出了一套重力感应装置——当流水线上有空肥皂盒经过这套感应装置时，计算机检测到皂盒重量过轻以后，设备上的自动机械手就会把空皂盒取走。这家公司对于为这台设备打的"补丁"深感得意。而我国南方的那家小日化工厂根本没有研发资金与实力去开发这样的"补丁"设备，老板只甩给采购设备的员工一句话："这个问题你解决不了就给我走人！"结果这位员工到旧货市场花30元买了个二手电风扇放在流水线旁，当有空皂盒经过开启的风扇时就会因为很轻而被吹落。问题同样得到了解决。

事物呈现在我们面前的形态往往是复杂的，很多人容易被外界的各种乱象所迷惑，无从下手、束手无策；或者凭着自己的一股拗劲，问题虽然解决了，却走了很多弯路，花费了很大的精力，最后是得不偿失。

面对任何复杂的事物，我们首先要运用逻辑思维的特性，帮助头脑静思，厘清其内在脉络，寻找剖析的方法，找到事物的核心所在，就像“庖丁解牛”一样做到游刃有余。这就是将复杂的事情变简单的方法。

众所周知的伟大航海家哥伦布，在他发现了新大陆之后随即返回了英国，英女王和众大臣设宴为他庆功。宴席上，在场的所有王公贵族们都很想知道哥伦布是靠什么复杂、秘密的方法发现新大陆的，于是有人问哥伦布：“你去寻找新大陆，依靠了什么高明的方法?”哥伦布说：“我的方法就是驾船一直朝一个方向走。”哥伦布的回答令包括女王在内的所有人都惊讶了。

取得成功的秘诀其实很简单，就是找准复杂的事情的核心，从而简单去做。在我们当今这个社会之中，有越来越多的人开始承载着繁重的生活压力，我们应该倡导和学习这种寻找事物核心的逻辑思维方式，把复杂的事情变简单去做。在工作中，我们每天都面对着千头万绪的事情，如果不学会找核心问题，如果不学会简单做事，那只会让自己徒增烦恼，工作越积越多，并时刻陷入被动之中。

在我们的生活和工作中，一定要遵循简洁核心，这是提高效率的原则，抛弃复杂的思维模式、老套的方法，不要纠缠和争论不休，力求将逻辑思维最大化，从复杂的事情中找到最简单的核心去做。

4. 力求简单是最好的解决问题的方法

我们在做任何事情的时候，千万不要把事情过于复杂化，该简单的时候就简单，太多的顾虑反而会让我们走弯路，事情的结果也会和我们的希望不一致。

有一位年近 80 的老人，平时非常喜欢留大胡子，花白的胡子足有一尺长。尽管他的家人多次劝他剪掉长胡须，但他却依然我行我素。

有一天，老人坐在门口眯着眼睛晒太阳，突然听到有人在叫他，睁开眼一看，原来是邻居家 5 岁的小明问他：

“老爷爷，我有个问题想不明白，您这么长的胡子，晚上睡觉的时候，是把它放在被子里面呢，还是放在被子外面呢?”

原本十分简单的问题，老人竟一时答不上来。看到老人抓耳挠腮的样子，小明笑着回家了。

当天晚上睡觉的时候，老人突然想起小明的问题。为了得到一个准确的答案，他先把胡子放在被子外面，过了一会儿感觉很不舒服；他又把胡子拿到被子里面，仍然觉得很难受。

就这样，老人一会儿把胡子拿出来，一会儿又把胡子放进去，折腾了整整一个晚上，他始终没有得到准确的答案。

第二天天刚亮，老人就急匆匆地去敲邻居家的门。正好是小明来开门，老人十分不悦地说："都怪你这小孩，问了一个奇怪的问题，让我一晚上没睡成觉！"

胡子放在被子里还是被子外？有必要考虑这么多吗？人们往往把一些简单的问题复杂化，因而庸人自扰。美国哲学家梭罗有句名言："简单点儿，再简单点儿！"一些人却喜欢把简单的事情搞复杂，以显摆自己的与众不同，然后他们再津津有味地生活在其中。其实，生活很简单！生活不是数学，不是应用题，不用我们反复算计！

古时候有一个人，饱读诗书，是一个名闻乡里的儒生。非常看重礼节。这一天，他家里着了火，想要灭火，却没有梯子上房，父亲让他去邻居家借梯子。

儒生听说要他去邻居家借梯子，就把衣帽穿戴整齐，迈着四方步踱到了邻居家里。见到了邻居，他一连作了三个揖，然后才登堂入室，默默地坐在客堂的椅子上。邻居拿出了果品、肉脯、美酒款待他。儒生见到主人这般款待，就举起了酒杯，向主人致谢，主人也举杯祝福。酒过三巡，邻居问他："不知您今天驾临寒舍，有何贵干哪？"儒生慢条斯理地回答说："是这样的，我家里着了火，火势凶猛，想要救火，可是没有梯子，听说您家里有，所以想借来一用。"

邻居一听，立刻从座位上跳了起来，埋怨说："您怎么不早说呢，家里着了火来借梯子，哪里还有工夫作揖打拱呢！"于是急忙扛着梯子跑到他家，可是儒生家里的房屋早已经变成灰烬了。

本来是一件再简单不过的事情，房子着了火，跑到邻居家借梯子，借来后就可以很快地把火势止住，但是，因为儒生的迂腐，把简单的问题复杂化了，偏要增加一系列的繁文缛节，导致最后无家可归。

听过这个故事的人也许都会哂笑儒生的迂腐，简单地说明来意，不就可以把火扑灭了吗？然而在我们的实际工作中，就是有一些人犯了儒生的错误，原本一个步骤就可以做完的工作，却偏偏人为地多加很多不必要的程序，结果不仅耽误了时间，而且贻误了工作，严重的还会带来经济损失。

一位哲人曾说："头脑清楚，讲求实际的人最简单，未来也一定属于简单思考的人。"是的，无论在工作中，还是在生活中，"保持简单"是最好的做人原则之一，有时它会带给你意想不到的惊喜。

一家跨国公司向社会公开招聘高级质量管理员。由于受聘者年薪高达十多万元，且各种待遇相当优厚，一时报名竞聘者如潮。经过笔试、面试和实际操作等严格得近乎苛刻的层层筛选，最后只剩下张先生、李先生和王先生三人。面对应试成绩相当、才能难分伯仲的三位竞聘者，公司总裁决定亲自对他们进行一次面对面的考察。考察在老总的办公室进行，三位竞聘者依次入内。张先生进去后，一眼看见老总的鼻尖和脸颊上各有一小块溅上去的墨汁，他几乎条件反射地笑出声来。然而他毅然忍住了。因为他清楚地知道，这是一个决定自己命运的非常时刻，任何对老总的嘲笑和不敬，都无异于自动退出竞聘现场，无异于拿自己的前途开玩笑。他终于落落大方而又从容不迫地回答了老总的提问，带着良好的自我感觉离开了老总办公室。

李先生接着进去。和张先生一样，他也一眼看到了老总脸上的墨汁，同时还发现了老总的领带没有系紧、衬衣的第一颗扣子没有扣好。但他从不关注与他正在做的事情无关的东西，他倾心聆听着老总的询问，对答如流地阐述了老总提出的关于如何严格检验产品质量的问题，怀着自信和满意，他几乎以胜利者的姿态走出了考察现场。

王先生最后一个进入老总办公室。当他和前两位竞聘者一样发现老总身上的不雅之处时，老总已经向他发问了。面对老总的发问，他神情严肃而又不容置疑地说："总裁，请允许我先提醒您三点：第一，您的鼻尖和脸颊上各有一处黑点；第二，您的衬衣扣子没有扣好；第三，您的领带没有系紧。相信您这是一时的疏忽和不经意，但作为一个跨国公司的总裁，这将有损于自己和公司的形象……"老总好似一脸的尴尬，没有继续发问，只是轻轻地说了一句："你可以走了。"

王先生怀着忐忑不安的心情走出了老总办公室，正准备"打道回府"，却接到了老总秘书的通知：明天到公司人事部报到，然后正式上班。

王先生终于成了竞聘的最后胜利者，做人就是这么简单。你无须顾忌什么，你第一意念中想到的，就把它说出来。如果想着这样说不行，或者那样说不可，那么，也许机会就在你停留思考的那几秒钟就已经溜走了。

后来，在一次闲谈中，老总对王先生不无感慨地说："正因为你的简单和直率，我才决定聘用你。"

生活是简单的，是聪明人把它想得太复杂了。其实，很多时候，我们无法改变这种复杂，但却可以把握自己做人的原则——简简单单做人。

世界上原本就没有太复杂的事情，之所以复杂，都是人为造成的，就像路边的一棵树，看得简单些，它无非就是一棵树而已，可是如果一定要把它放大无穷倍，那就是许多的枝，然后再是无数的叶子。

最美的艺术品总是最简洁的，最有分量的文章也是最精简的。这需要我们凡事找规律，去伪存真，去粗取精，由此及彼，由表及里，在真正掌握问题本质的基础上，以效率和效果为出发点，力求简单是最好的解决问题的方式，倘若把事情搞复杂了，很多事情都会难以解决。

5. 转变思想观念才可能求得突破

懂得逻辑思维的人都明白思想的重要性，我们认知事物的规律是思考在前，行动在后，是思想指导着我们的行动。不管是做什么事情，首先都是要有一个思考的过程，针对这个任务或者事情，是采取什么样的战略、战术还是战役，拟订什么样的行动方案，制定什么样的行动策略和措施，全盘细致地统筹考虑哪些问题，采取什么样的具体行动，怎么行动等。

没有一个认真分析、筹划方案的过程，就断然采取行动是不可取的，深思熟虑后做到了心中有底，最后才落实到行动中，并根据实际实施过程中的反馈信息，及时调整战略、战术，这样我们才能够保证事情最终得以圆满完成，可以这样说，在处理事情的过程中，一直是我们的思想在指导着我们的行动，而不是行动主导着我们的思想。

思维模式不能固化，在逻辑思维中思想是一直超越的形式。在适合的时机转变不同的思想观念，突破现有的瓶颈。

转变思想观念就是要打破陈规，逻辑思维创新，敢为人先，与时俱进。思想决定出路，转变思想，自觉克服惰性思维；端正作风，主动培养只争朝夕、比学赶超的进取精神。以思想的转变作帆，用行动为桨，在纷繁复杂的生活工作中扬帆起航，乘风破浪，成就我们的梦想。

一个化学实验室里，一位实验员正在向一个大玻璃水槽里注水，水流很急，不一会儿就灌得差不多了。于是，那位实验员去关水龙头，可万万没有想到的是水龙头坏了，怎么也关不住。如果再过半分钟，水就会溢出水槽，流到工作台上。水如果浸到工作台上的仪器，便会立即引起爆裂，里面正在起着化学反应的药品，一遇到空气就会突然燃烧，几秒钟之内就能让整个实验室变成一片火海。实验员们面对这一可怕情景，惊恐万分，他们知道谁也不可能从这个实验室里逃出去。那位实验员一边去堵住水嘴，一边绝望地大声叫喊起来。这时，实验室里一片沉寂，死神正一步一步地向他们靠近。就在这时，只听“叭”的一声，大家只见在一旁工作的一位女实验员，将手中捣药用的瓷研杵猛地投进玻璃水槽里，将水槽底部砸开一个大洞，水直泻而下，实验室里一下转危为安。

在后来的表彰大会上，人们问她，在那千钧一发之际，怎么能够想到这样做呢？这位女实验员只是淡淡地一笑，说道："当我们在上小学的时候，就已经学过了一篇课文，我只不过是重复地做一遍罢了。"

这个女实验员用了一个最简单的办法来避免了一场灾难。《司马光砸缸》我们都学过，但多数人的思维都想得、想活，而不是先想到舍。殊不知，舍弃有时也是一种智慧。其实这个"缸"就可以看作是我们的陈旧思维，很多时候我们对很多机会视而不见，只因我们被自己的思维束缚住了。这个时候唯有转变，才能放飞我们的思维，进入一个新天地。

有这样一个著名的试验：把六只蜜蜂和同样多只苍蝇装进一个玻璃瓶中，然后将瓶子平放，让瓶底朝着窗户。结果发生了什么情况？你会看到，蜜蜂不停地想在瓶底上找到出口，一直到它们力竭倒毙或饿死；而苍蝇则会在不到两分钟之内，穿过另一端的瓶颈逃逸一空。

由于蜜蜂对光亮的喜爱，它们以为，"囚室"的出口必然在光线最明亮的地方，它们不停地重复着这种合乎逻辑的行动。然而，正是由于它们的智力和经验，蜜蜂灭亡了。

那些"愚蠢"的苍蝇则对事物的逻辑毫不留意，全然不顾亮光的吸引，四下乱飞，结果适时宜地碰上了好"运气"，这些头脑简单者在智者消亡的地方反而顺利地得救，获得了新生。这就是逻辑思维转变思想的作用，在不同的时刻和环境中，逻辑思维一直都是适用的，并且一直适时转变思想力求突破点。

一根形同虚设的小木桩居然使得一匹高大的白马服服帖帖。羁绊白马的真的是那根细小的木桩吗？不是。是白马的思维定式阻止了它前行的脚步。

我们要敢于打破思维定式。陷入思维定式，只会让我们裹足不前。

心理学上有一个非常有名的跳蚤实验。众所周知，跳蚤是动物界中有名的跳高冠军。心理学家们将一只跳蚤放入一个玻璃杯中，那只跳蚤轻而易举地跳了出来。随后，心理学家又将玻璃盖盖上。跳蚤当然无法洞悉这点变化，它还是继续跳，可是这次却是碰了一鼻子灰。经过几番努力后，跳蚤安静下来，此时，心理学家取下杯盖。但是这时候的跳蚤再也跳不出玻璃杯了。

其实，我们很多时候就像这只跳蚤，在经历了无数次努力而失败之后，产生了思维的定式，进而自我怀疑，自我否定，因而裹足不前。其实，有时候我们距成功仅一步之遥。只要我们突破了心灵的束缚，转变了思维的定式，就会在我们前方不远处获得胜利。

转变思维定式要以实践深思为基础、以创新求变为途径。如果我们留心观察生活中许多被我们认为“本该如此”的事，就会发现它们其实“并非如此”。而长期觉得“本该如此”的原因，就是陈旧思维对我们的禁锢。

人们在一定的环境中工作和生活，久而久之就会形成一种固定的思想模式，我们称为思想惯性。它使人们习惯于从固定的角度来观察、思考事物，以固定的方式来接受事物，是逻辑思维转变的天敌。

人人都有惯性思维，爱用常用的方式思考，善用常用的行为方式处事，久而久之，就养成了根深蒂固的惯性思维。想想惯性思维在我们生活中的绝大部分表现为习惯。最简单的例子，比如，睡觉，要占用我们人生的1/3时光，这是我们人类的生理习惯。还有上学、读书、工作、交友、休闲等任意领域我们的行为都以习惯性行为为主。当然养成良好的习惯势必会推进我们快速成长的进程，但是不良的习惯也会妨碍我们获取健康、美满人生的脚步。

逻辑思维是一种具有主动性、独创性的思维方式。它往往能突破习惯性思维的束缚，在解决问题的过程中，其观点总是富有新的创意和转变性。思维定式是妨碍逻辑创造性地解决问题的最大障碍。

6. 逻辑思维能帮你整理分散信息

逻辑思维的精巧就在于怎样去梳理思想信息，思想是一个人的"总开关""总闸门""总指挥部"，其重要性不言而喻。我们要像自己每天梳理头发一样，认真对自己的思想信息进行梳理。

头发的梳理，发型的塑造，更多取决于自己的喜好和别人的建议，落实起来并不是太难；而思想的梳理，更多是"自我洗脑""改革创新"，因而需要我们具有更大的牺牲精神。在现实生活中，由于受自己学识和经历的影响，我们都或多或少地创造了自己的思维方法和积累了自己的工作经验，这些固有的思维方法和工作经验是我们长期总结、提炼的宝贵财富，在某些特定的环境中效果会非常好，对我们开展工作会很有帮助，在遇到新环境和新问题时，会暗示或引导我们自觉沿袭。

梳理思想，就是要我们寻找自己的思想短处，自觉梳理掉自己的短处。我们的短处主要体现在，固守阵地，千篇一律，思维固定，不敢创新。

头发不梳会脏、会乱，思想不梳会钝、会僵。因此，我们一定要拿出梳理头发的自觉性、主动性来梳理自己的思想，切实增强梳理思想的责任感和紧迫感，要敢于将自己固有的思维方式梳理掉，要敢于将自己的既得利益梳理掉，要敢于将一切陈规陋习、条条框框梳理掉，下定决心打开思想这个总阀门、总开关，睁大眼睛看世界，让心胸的大门敞得更开。

梳理思想信息的方法之一：

首先是整理信息。思想决定出路！你所存在的问题就出在思想上面，你没有明确的方向、目标，从而剪不断，理还乱。简而言之，有了目标，朝着既定方向前行，一切的问题都将迎刃而解。

当人们的思想有了整理，行动有明确的目标，并且把自我的行动与目标不断加以对照，清楚地知道自我的进行速度和与目标相距的距离时，行动的动机就会得到维持和加强，人就会自觉地克服一切困难，发愤到达目标。

世界上只有不到5%的人拥有整合的思想和明确的目标，并能够切实实现它。越清晰、越具体的目标就越容易变为现实，因为当心里的想法与外在的行为变得一致时，成果更容易被巩固。一个人在成功之前必须要先在心中看到自己成功的样子，自信的人会成为冠军，最相信的人，目标比别人更清晰、更具体。

前美国财务顾问协会的总裁刘易斯·沃克曾接受一位记者访问有关稳健投资计划的基础。记者问道："到底是什么因素使人无法成功?"沃克回答："模糊不清的目标。"记者请沃克进一步解释，他说："我在几分钟前就问你'你的目标是什么?'你说希望有一天可以拥有一栋山上的小屋，这就是一个模糊不清的目标，问题就在'有一天'不够明确，因为不够明确，成功的机会也就不大。如果你真的希望在山上买一间小屋，你必须先找出那座山，计算需要多少钱，然后考虑通货膨胀，算出5年后这栋房子值多少钱；接着你必须决定，为了达到这个目标每个月要存多少钱。如果你真的这么做，你可能在不久的将来就会拥有一栋山上的小屋，但如果你只是说说，梦想就可能不会实现。"

关于目标，最严酷的事情是：95%没有明确目标的人不得不一辈子为那5%有明确目标的人打工！你要驾驭命运还是被命运驾驭呢?

梳理信息的方式之二：

分散梳理法，顾名思义就是将思想信息分散，也就是分析每一个思想，使每一个思想都有独立的意义，并用思想分析法去思考针对的每一个事物对象。也可以理解为逻辑分析能力，分析能力是指把一件事情、一种现象、一个概念分成较简单的组成部分，找出这些部分的本质属性和彼此之间的关系，再单独进行剖析、分辨、观察和研究的一种能力。

逻辑分析能力包括将问题系统地组织起来，对事物的各个方面和不同特征进行系统地比较，认识到事物或问题在出现或发生时间上的先后次序，在面临多项选择的情况下，通过理性分析来判断每项选择的重要性和成功的可能性以决定取舍和执行的次序，以及对前因后果进行线性分析的能力等。

逻辑分析力较强的人，往往学术有专攻，技能有专长，在自己擅长的领域里，有着独到的成就和见解，并进入常人难以达到的境界。

同时，分析能力的高低还是一个人智力水平的体现。分析能力是先天的，但在很大程度上取决于后天的训练。在工作和生活中，我们经常会遇到一些事情、一些难题，分析能力较差的人，往往思前想后不得其解，以至束手无策；反之，分析能力强的人，往往能自如地应对一切难题。

一般情况下，一个看似复杂的问题，经过逻辑思维的梳理后，会变得简单化、规律化，从而轻松、顺畅地被解答出来，这就是分析能力的魅力。

第七章 逻辑思维能帮你练就好口才

有时，我们也嫌自己啰唆，也努力去提高自己的口才水平，也学习了很多口才技巧和语言知识点，但口才水平一直提不高。此时的根结就在于缺乏逻辑思维。我们不妨将训练逻辑思维和锻炼口才结合起来。只要我们说话时逻辑条理强了，我们的口才自然会有飞跃性的提升。

1. 三言两语能说清的，就不要反复地讲

说话啰唆、逻辑重复的人，本来简单的三言两语就可以说清楚的话，非得反复说出一大堆重复的废话，浪费时间又达不到理想的效率。

逻辑思维清晰的人说话一定是长话短说，“筛选”“过滤”出最精辟的，恰如其分地表情达意的词句，尽可能以简短的话语表达出深刻的内涵。

冗长的讲话是最让人倒胃口的。据说，有一次，美国著名作家、演说家马克·吐温在教堂里听牧师讲话，开始几分钟，他听得津津有味，感到讲得很有力量。他在准备捐献时，高兴地打算将口袋里的钱倾其所有，全部捐出。可过了十分钟，牧师还没讲完，他就决定一分钱也不捐献了。待牧师讲完，收款的盘子递到他面前时，马克·吐温不但没给钱，反而从盘子里拿出两元钱。这则趣闻是对喜好讲长话者绝妙的讽刺。

在历史上，不少讲话大师惜语如金，出言不凡，驾轻就熟，言简意赅，留下了许多珍贵的篇章。

莱特兄弟在成功驾驶动力机飞上蓝天之后，人们在法国的一次欢迎酒会上再三邀请哥哥威尔伯发表讲话，他说：“据我们所知，鸟类

中会说话的只有鹦鹉，而鹦鹉是飞不高的。”这深含哲理的“一句话发言”，博得了与会者长时间的掌声。

有人认为讲话过程中，思维逻辑要清晰，说话要简洁，语言要精练，就是以经济的语言手段输出最大的信息量，使听者在较短的时间里获取较多的有用的东西，即有用的信息。反之，抓不住要点，空话连篇，言之无物，或重复，枝蔓芜杂，讲了半天也讲不出个所以然，这样必然误人时光，同时也是不受欢迎的。

法国作家福楼拜，堪称锤炼语言的楷模。他思潮奔涌，常常夜不能寐，“一些文句像罗马皇帝的辇车一样在脑中滚过去，时常被它们的震动和轰响声惊醒。”他在游泳时，也在斟酌字句。有篇文章的转折之处仅有 8 行，他却费了 3 天。有一次，他为了寻找恰当的四五句话，足足花了一个月的时间。

福楼拜为锤炼书面语言呕心沥血，因而遣词造句达到炉火纯青的地步，这对当众发言者来说是颇有启示的。文学大师高尔基曾说：“简约的语言中有着最伟大的哲理。”在当今的信息时代，人们的生活节奏大大加快，人们不喜欢那些繁文缛节的空话、套话。当众讲话要做到简洁、明快，就要千锤百炼，使自己的词汇丰富、思路清晰。因为词语贫乏，表达必词不达意、思维模糊、语无伦次、枉费口舌。

墨子的学生禽问墨子：“老师，多说话到底有没有好处呢?”墨子思索了一会儿，说：“话要是说得太多，会有什么好处呢？这就如同池塘里的青蛙，整天整夜地叫个不停，可是又有谁会去理睬它呢？你再看那报晓的公鸡，只在天快要亮的时候啼叫那么两三声，人们却都十分地留意它。因为人们知道，只要公鸡一叫，天要亮了。所以，说话不在多少，而在于说的话要有用啊!”禽听了老师的话默默地点了点头。

人要学会简单，说话要简单，做事要简单，目标要简单。当你把一件事情想得过于复杂，这事情就真的复杂了。越喜欢自己的追求，就越要让其目标简单，这样也就越容易成功。但也要理论联系实际，看看自身的实力和资源，不可一味盲目固执地苛求简单。

当今社会，凡事都讲究快节奏、高效率，口语交际也一样，若用语冗长，别人就会不愿听或干脆不听。这不仅有损于自己的形象，更重要的是难于达到交谈的目的。那么，怎样能做到说话简洁呢？首先，要明白“简洁”即说话时用尽可能少的语言表达准确的意思，不啰唆，不说多余的话。其次，要懂得如何用最经济的文字表达最准确的意思。

在说话之前要厘清思路，具体要表达怎样的一个观点，按照所要表达的意思组织语句。不断地训练听说能力，首先要有一个良好的心态，要相信自己通过练习语言表达能力是没有问题的，就是要对自己有信心。要学习说话如何抓住重点，就是要分好主次顺序，不该说的话就不要说，要知道哪些是应该说的，而且要学习如何用词。

最会说话的人永远是言简意赅的人，他们所说的那些都是最有效的话，愚蠢的人说话常常因为过于复杂，想得复杂、说得复杂，让人一头雾水，才造成理解上的误会，沟通上的困难。

简单说话首先面临如何实现简化的问题。为此必须要了解如何简化思想，如何透过现象抓住本质。

2. 要记住，你一句话只求表达一个意思

有人总是抱怨：当我去面试，和同学聊天，或有时候聊得开心兴奋的时候，同学的反馈总是，你怎么说话都说不到点子上啊，你想表达什么意思，我听不懂。一句话说不明白表达的意思。我觉得自己表达的意思很清楚啊，为什么别人听不懂？为何表达不能让对方理解，甚至在很多时候造成了不必要的误解，造成了很多误会。久而久之，越来越不会表达了，甚至连朋友都远离去。

清晰地把自己的思想和意念传递给别人，先说什么，后说什么，怎么说。这就涉及表达交流中的思路结构问题。没有一定的知识面，严密的逻辑思维，熟练的思辨技巧，很难充分准确地展示自己的要点。

语言表达要有鲜明的中心，要有充实的内容，但我认为成功的表达、交流，关键要有清晰的思路和严谨的结构。现代语言学家邦文尼斯特认为，思维的可能性总是同语言能力不可分割。这就需要注意培养一定的语言思维的逻辑性。这样语言的表达才会思路清晰、结构严谨、内容明确。

正如美国医药学会的前会长大卫·奥门博士曾经说过，我们应该尽力培养出一种能力，让别人能够进入我们的脑海和心灵，能够在别人面

前、在人群当中、在大众之前清晰地把自己的思想和意念传递给别人。

在我们这样努力去做而不断进步时，便会发觉：真正的自我正在人们心目中塑造出一种前所未有的形象，产生前所未有的震撼。培养自己具有一定的思维逻辑，通过观察，认真收集大量丰富的感性材料，并加以分析、比较、综合和判断，按照一定的逻辑进行运思与构篇。在阅读与写作中，运用逻辑学的知识不断地进行多方面、多角度的思维训练，逐步使自己在表达交流中思路清晰、结构严谨。

人们常常陷入思考的陷阱之中，认为讲话素质是与生俱来的。代表这种看法的说法有："她是一个天生的演说家"，或"我恨死了演讲——我就是不敢站在众人面前讲话"。事实上，说话是一种任何人都能培养和掌握的技能。研究表明，口头表达能力直接与准备时间的长短、研究工作做得如何、演练的次数以及在准备讲话和直观教具上付出努力的多少有关。无论你在讲话时感到多么紧张和不舒服，经过认真准备，你就可以成为一个成功的演讲者。说不定用不了多久，你可能就会喜欢上演讲。

确定一个讲话的题目。你首先需要使自己沉浸于对一个问题的思考之中，然后把你的话题缩小到一个具体的题目上来。在酝酿题目的过程中，你需要思考你说的话想达到一个什么样的目标。你想告诉人们重要的事实或观点吗？你想说服人们接受一种信仰，改变观点或采取某种行动吗？抑或你希望同时达到这两个基本的讲话目标？换言之，通过明确你希望达到的目标，一开始就得出你说话的结论，然后再回过头来构造语言，这样你就能实现讲话目标。

或许人们在讲话中最恐惧的是“卡壳”，或大脑一片混乱，没有头绪。如果你的思路很清楚，语言的主要观点及它们之间的联系像一幅清晰的画映在脑子里，那么，这种思维“断电”或“卡壳”的现象就会大大地减少。

你想表述的主要观点是什么，它需要引人入胜，能抓住听众的注意力。许多人喜欢用与题目有关的个人经历来开头，这有助于把说话人自己与听众联系起来。

认清语言表达能力的重要性。在现代社会，由于经济的迅猛发展，人们之间的交往日益频繁，语言表达能力的重要性也日益增强，好口才越来越被认为是现代人所应具有的能力。

作为现代人，我们不仅要有新的思想和见解，还要在别人面前很好地表达出来；不仅要用自己的行为对社会做贡献，还要用自己的语言去感染、说服别人。

就职业而言，现代社会从事各行各业的人都需要口才：对政治家和外交家来说，口齿伶俐、能言善辩是基本的素质；商业工作者推销商品、招徕顾客，企业家经营管理企业，这都需要口才。在人们的日常交往中，具有口才天赋的人能把平淡的话题讲得非常吸引人，而口笨嘴拙的人就算他讲的话题内容很好，人们听起来也是索然无味。有些建议，口才好的人一说就通过了，而口才不好的人即使说很多次还是无法通过。

总之，语言能力是我们提高素质、开发潜力的主要途径，是我们驾驭人生、改善生活、追求事业成功的无价之宝，是通往成功的必经途径。

语商是指一个人学习、认识和掌握运用语言能力的商数。具体地说，它是指一个人语言的思辨能力、说话的表达能力和在语言交流中的应变能力。

语言能力并不是与生俱来的，而是人们通过后天学习获得的技能。虽然有遗传基因或脑部构造异常而存在着语能优势或语能残缺。在现实生活中，由于每个人的主客观条件、花费时间和学习需求的不同，我们获得语商能力的快慢和高低也是不同的。这就表明人的语商能力主要还是依赖在后天的语言训练和语言交流中得到强化和提升。

想是让思维条理化的必由之路。在现实生活中，很多时候我们不是不会说，而是不会想，想不明白也就说不清楚。在说一件事、介绍一个人之前，建议你认真想想事情发生的时间、地点和经过，想一想人物的外貌、特征等。有了比较条理化的思维，你才会让自己的语言更加条理化。

3. 做好充分的准备，把握恰当的时机

凡事预则立，不预则废。在正式演讲之前，一定要作好充分准备，不打无准备之仗。

正如建筑施工须有蓝图才能够顺利进行一样，要想完美地施展自

己的口才，讲话之前必须有所准备。在讲之前，首先要对听众有一定的了解，并为演讲的有关内容、方式等构思一幅蓝图，或藏于脑中，或付诸笔端。如此预备妥当，演讲起来，方能顺畅流利、娓娓动人。

演讲首先要在心里想清楚，要有明确的目的，话要说到点子上。演讲要有一个明确的中心，主题集中，观点鲜明，方能给听众留下清楚、深刻的印象。

因此，必须注意从思考过的众多观点中选择出最能体现讲话主题的观点作为中心，并围绕这一中心展开阐述，所有的论点和材料都必须为这个中心议题服务，绝不能不分主次。

在表达自己的观点和思想时，要恪守三思而后行的原则。要对自己的主要思想、观点或论点，进行仔细地思考和推敲，力求对事物有足够的认识。把自己的观点整理明白再向别人叙说，切忌信口开河。

许多人演讲时常常以为只要说起来滔滔不绝就是有口才。其实，健谈并不等于有口才。健谈是“能说”，并不一定是“会说”。如果一开口就喋喋不休、没完没了，反倒令人生厌。真正有演讲口才的人，并不一定是说得多的人，而是能说到点子上的人，即能够深入问题实质、提出解决办法的人。

另外，要寻找最佳角度阐明观点。常言说：“造语贵新。”新颖的观点、独到的见解、巧妙的解说，常常能出奇制胜，赢得赞叹与喝彩。

说话是一门艺术，把它上升到一定高度既是我们常说的演讲与口才。而怎样才能拥有卓越的口才呢？怎样才能掌握说话的艺术呢？我觉得用心就是最好的途径。因为傻子才用嘴巴说话，聪明的人用脑子说话，智慧的人用心说话。首先，我们得用心去思考，思考你想说什么，你能说什么，你可以说好什么。你想说什么，即是你的心里想表达什么，你对周围的事物，对身边发生的事情，对所收获的知识有怎样的见解。敏锐的观察能力、洞察万物的心灵是我们想表达的基础。所以，敞开你的心扉，去感受世界，你自然会对这个世界想说点什么。

讲话之前一定要在心里做好准备，把握好适当的说话时机，这样对于办事效率有着举足轻重的作用。许多人有一个共同的毛病，即在不必要的场合中，把自己所拥有的一切话题，在一次机会中全部谈完，等到需要他再开口的时候，他已无话可说了。这种现象，不论是在普通会话或正式演说场合中，都是应该引起我们重视的。一个具有高明说话技巧的人，应该能够很快地发现听众所感兴趣的话题，同时能够说得适时适地、恰到好处。也就是说，他能把听众想要听的事情，在他们想要听的时间之内，以适当的方式说出来，这才是一种无与伦比的才能。这种具备优越时机感的人，甚至在遭到突变、受到阻碍时，也能转危为安，转祸为福。

战国时，楚王的宠臣安陵君能说善道，很受楚王器重。但他并不遇事张口就说，而是很讲究说话的时机。他有一位朋友名叫江乙，对他说："您没有一寸土地，又没有至亲骨肉，然而身居高位，享受优厚的俸禄，国人见了您，无不整衣跪拜，无不接受您的号令，为您效劳，这是为什么呢？"

安陵君说："这是大王太抬举我了。不然哪能这样！"江乙说："用钱财相交的人，钱财一旦用尽，交情也就断了；靠美色相交的人，色衰则情移。因此，狐媚的女子不等卧席磨破，就遭遗弃；得宠的臣子不等车子坐坏，已被驱逐。如今您掌握楚国大权，却没有办法和大王深交，我暗自替您着急，觉得您的处境太危险了。”

安陵君一听，恍然大悟，毕恭毕敬地拜问江乙：“既然这样，请先生指点迷津。”

江乙说：“希望您一定要找个机会对大王说：‘愿随大王一起死，以身为大王殉葬。’如果您这样说了，必能长久地保住权位。”

安陵君说：“谨依先生之言。”但是，过了很长时间，安陵君依然没有对楚王提起这话。江乙又去见安陵君，说：“我对您说的那些话，您为何至今还不对楚王说？既然您不用我的计谋，我就再不管了。”

安陵君急忙回答：“我怎敢忘却先生的教诲，只是一时还没有合适的机会。”又过了一段时间，机会终于来了。此时楚王到云梦打猎，一箭射死了一头狂怒奔来的野牛。百官和护卫欢声雷动，齐声称赞。楚王也高兴得仰天大笑，说：“痛快啊！今天的游猎，寡人何等快活！待寡人万岁千秋之后，你们谁能和我共有今天的快乐呢？”

此时，安陵君抓住机会，泪流满面地走上前去，说：“臣进宫就与大王同共一席，出宫与大王同乘一车，如果大王万岁千秋之后，我愿随大王奔赴黄泉，变做芦草为大王阻挡蝼蚁，那便是臣最大的荣幸。”楚王闻言，大受感动，随即正式设坛封他为安陵君，对他更加宠信了。

这件事说明，讲话是用心去讲，必须通过心理准备，把握说话时机，这个过程需要充分的耐心，也需要积极进行准备，等待条件成熟，但绝不是坐视不动。《淮南子·道应》云：“事者应变而动，变生于时，故知时者无常行。”安陵君的过人之处，便在于他有充分的耐心，等待楚王欢欣而又伤感的那个时刻。此时，动情表白，感人肺腑，愉悦君心，终于受封，保住了长久的荣华富贵。

“话有三说，巧说为妙”。何谓巧说？就是说出的话语是最符合当时情景的语言，这就是“巧说”。要想把话说得恰到好处，不仅要注意“说什么”，更应该注意“怎么说”。

美国百货业巨子约翰·甘布斯说，他之所以能发财致富，成为名人，关键在于他对待所有的事物，都要通过逻辑思维在心里排序，不错过任何一个哪怕只有万分之一希望的机会。

说话能通过逻辑思维在最适宜的时机，说出最适宜的话，这才是最会说话的人。否则，如果说话的时机把握得不好，那你说出的话再漂亮，也是没用的废话。

好的思维常常就在瞬息之间，说话需要用心思考，时机的把握比掌握、运用其他说话技巧更难、更重要。

4. 遇到事情复杂，你就用“5W2H”分析法

“5W2H”分析法又称“七何分析法”，是逻辑学深入分析法，任何事情皆可从这7大方向去思考。对于不善分析问题的人，常常感到

事情复杂不好说出口、难以解决的人，只要多加练习即可上手。

语言能力为什么一直无法提升？为什么每次提出的意见总是不被采纳……碰到问题时，许多人脑海中浮现的第一个疑问就是“为什么”，老是想不透到底是哪里出了问题？

然而，问题解决专家告诉我们，与其不断自问“为什么”，倒不如先学会如何提出对的问题！诚如福特汽车前 CEO 唐诺·彼得森所说：“多问一些对的问题，就不必花费许多气力去找寻所有的答案。”

头脑清楚、逻辑思路清晰的大有人在，但是，却也有些人说话老是抓不到重点，讲了老半天，大家还是听不懂。碰到后者，就算是提醒他们说得“更聚焦一点、更具体一些”，也没什么用，因为所谓的“具体”，并非只要改变措辞或提升表达能力就能做到，而是要看当事人对于议题了解多深入、能够分析到多细。换言之，对于问题不够敏感，或是根本看不出毛病，其实与平时就不善于提问大有关联。

大多数人之所以不知道如何问问题，最主要的原因就是缺乏训练，而在所有逻辑思考法中，“5W2H”可以说是最容易学习和操作的方法之一。“5W2H”是在第二次世界大战时，由美国陆军兵器修理部提出的，之后广泛应用于企业决策和管理议题上，有助于工作者在思考时不会有所疏漏。

“5W2H”分析法又称“七何分析法”，包括：Why（为什么做）、What（做什么）、Where（在哪里做）、When（何时做）、Who（由谁做）、How（如何做）、How much（成本多少）。

更详细地说：What 就是确立问题，了解“目的是什么？做什么工作”；

Why 是说明背景或提出问题，也就是“为什么要这么做？理由何在？原因是什么”；

When 指的是时间，设定“什么时间完成？什么时机最适宜”；

Who 是对象，指明“由谁来做？谁完成”；

Where 是地点，确认“在哪里做？从哪里入手”；

How 是方法，提出“怎样做？如何做会更好？如何实施？做法是什么”；

How much 则是花费或成本，计算“要花多少预算？金额是多少”。

任何工作如果缺少了这 7 个方面，即使提了案，也不会有具体进展。举例来说，如果只传达“下礼拜四要开会”，却未事先说明“从几点开到几点”“在什么地方开”“开会目的是什么”等信息，与会者就无法安排自己的时间表。

下次，当你再接到工作指令时，不妨试着用“5W2H”的角度去思考，相信做起事来能事半功倍。

提出疑问于发现问题和解决问题是极其重要的。创造力强的人，都具有善于提问题的能力，众所周知，提出一个好的问题，就意味着问题解决了一半。提问题的技巧高，可以发挥人的想象力。相反，有些问题提出来，反而挫伤我们的想象力。发明者在设计新产品时，常常提出：为什么（Why）；做什么（What）；何人做（Who）；何时（When）；何地（Where）；如何（How）；多少（How much）。这就构成了“5W2H”法的总框架。如果提问题中常有“假如……”“如果……”“是否……”这样的虚构，就是一种设问，设问需要更高的想象力。

在语言逻辑思维的发明设计中，对问题不敏感，看不出毛病是与平时不善于提问有密切关系的。对一个问题追根刨底，有可能发现新的知识和新的疑问。所以从根本上说，学会发明首先要学会提问，善于提问。阻碍提问的因素，一是怕提问多，被别人看成是什么也不懂的傻瓜；二是随着年龄和知识的增长，提问欲望渐渐淡薄。如果提问得不到答复和鼓励，反而遭人讥讽，结果在人的潜意识中就形成了这种看法：好提问、好挑毛病的人是扰乱别人的讨厌鬼，最好紧闭嘴巴，不看、不闻、不问，但是这恰恰阻碍了人的创造性的发挥。

在生活和工作中，充分运用“5W2H”的方法解决问题可以取得事半功倍的效果，比如说，有关讲话的问题也可以从七个方面进行解决：

这次讲话的主要内容是什么？

为什么要使用这个方案？

它能达到一个什么样的目标？

应该在什么地点、什么时候进行讲话？

现在进行到什么阶段，预计什么时候能结束？

是否需要其他人的配合？大约会花费多大的成本？

相关情况一一列出后，讲话工作基本上就会很明晰了，利用这种方法来考虑问题更有利于讲话的条理化。

5. 厘清了脉络、先后关系也是一种逻辑

说话需要逻辑思维，厘清话语之间的脉络关系、先后顺序，也可以是逻辑顺序。逻辑顺序，即按照事物或事理的内部联系及人们认识事物的过程来安排说明顺序，这种顺序常用于事理说明。事物的内部联系包括因果关系、层递关系、主次关系、总分关系、并列关系等；认识事物或事理的过程则指由浅入深、由具体到抽象，等等。这是常见的说明顺序之一。

每个人说话时都必须有逻辑性。说话有逻辑性，要分清先后关系，也就是说话有条理，接收者能很清晰地提炼出你所要传达的几点意思，便于交流，又不会产生误解。

现在简单谈一下说话背后的逻辑性，首先回顾一下逻辑的概念，逻辑包括三个元素：概念、判断、推理。概念，给同类事物下性质上的定义；判断，根据所下定义考核新事物是否属于所定义事物；推理，通过一连串的判断，得出该事物的性质。而逻辑性，就是从定义概念，到作出判断，到推理出结论的过程，整个过程，像一条线，就是我们所说的条理。

说话者的条理性。首先，说话者在说话前，心中要有一个大的纲，

即我这次说话要达到几个目的。然后在说话时，顺序一一落实。对没有达到目的的，要继续沟通，直到达到为止，这是说话的原则，不可不坚持。逻辑性就是要说出为什么，给对方演绎一个逻辑推理的过程，如："小明，我们说过我们谁过生日对方都要为过生日的人买礼物，现在我过生日了，你得给我买礼物。"这就是一个推理过程，概念：过生日的人——判断：小明今天过生日，算是过生日的人。概念：过生日的人有被给予礼物的性质——判断：小明应被给予礼物，整个连起来的过程就是推理。这样说话有理有据，接收者对起因、过程、结果都清晰明了。

答话者的条理性。首先有一个大背景，即你说话的立场，这个立场是要绝对坚定的，谈话中绝对不动摇。在提炼到提问者提问的真正意图后，进行断判，是否提问者表达的意思与自己所持的立场有所不同。不同，则要表明自己的立场，进行逻辑推理，向对方说出道理；相同，注意一下你所持的立场的性质边界上的细则便可。

现总结一下，请大家注意几下两点内容：

一、说话前，要想好自己说话要达到几个目的，并在说话中一一落实。

二、答话时，要清楚自己的立场，并坚持。

如何讲话才能有逻辑，才能分清先后顺序？

一个人是否成熟以及有思想，关键是通过他的说话内容透露出的信息来判断的。而毫无逻辑、杂乱无章的发言和观点没有人喜欢听，也对别人没有任何借鉴意义。相反，观点清晰明确，有理有据的谈话和思维方式是非常受人推崇的。根据我这几个月以来对思维方式、逻辑思辨等话题的思考，试图做一个小的总结，也作为自己说话的准则。但凡有逻辑，必然要有明确的观点，用逻辑的方式去支持。所以，让人能听明白、接受你的想法，首先是亮出鲜明的观点，就像军队打仗先亮出战旗一样。而这个观点不可过于陈旧，流于俗套，与过去长期人们所认知的内容一致，这将失去你进一步发展和扩张的空间。也不要太惊世骇俗，假如在没有充分论据和理论的情况下。如果你总是如此又无法完美辩解或者与大众想象违背太大，长此下去你只会获得一个哗众取宠的小丑称号。

其次，在发表观点后，其论证部分，要学习金字塔式的展开方式进行论述。往往以一个中心句起头，辅以两三句解释性的话，接着再对解释的句子做进一步解释。层层扩展。这些话之间的关系，或者并列，或者递进。存在一致的逻辑关系。其实，这样说起来很容易，但要是实践起来就容易不自觉地走样了。

我想到这样几种有逻辑的发展论点的方法：

1. 正反多角度叙述。发生这种情况，以及没有发生这种情况下都有什么后果？后果的重要性和严重性。

2. 推己及人。有人（有方式）已经那样做了，我们与他们有相似处，从而会得到相似结果的可能性增大。

3. 归纳和演绎。多个事件表现出统一性，或者相似处。将其总结为某一特点特质。亚里士多德经典的三段论演绎。

4. 逻辑说白了，就是找出做某件事情的原因，归因、推测结果是逻辑的目的。为了达到结果，需要有事例证明，有论断、观点、事实的支持。然后用一系列的关联词将他们合并在一起，最终构成了逻辑思维。

说话的逻辑思维有什么用?

逻辑思维是人类认知的一种高级形式，对人的素质能力有着重大影响。那么逻辑思维究竟有什么作用?心理学研究显示，作为智力的核心要素，逻辑思维影响着人的分辨能力、表达能力、学习能力和创新能力。逻辑思维是人的这四种基本能力产生、发展的前提和基础。

逻辑思维能增强人的分辨能力。当今世界资讯发达，呈现于人们面前的是流派庞杂、路数各异的文化形态。如果缺乏逻辑素养，就难以对其做出正确的比较、分析和评价，更不要说通过择优汰劣来吸收优秀思想、抵御错误观念了。而且，现实生活中人们也经常会遇到各种涉及道德取舍的问题，需要逻辑思维进行判断并付诸行动。逻辑思维有助于人们独立思考，增强明辨是非的能力。

逻辑思维能够改善人的表达力。在日常工作和生活中，人们通过说话或写文章来表达思想、交流感情。这些都是表达能力的具体体现，改善表达能力，离不开逻辑思维水平的提高。说话或写文章的内容对不对、符不符合客观现实的规律，是逻辑学的范围。说话或写文章的思想要正确，必须同时做到两点：一是据以推理的前提真实；二是得出结论的推理过程遵守逻辑规则。前提是否真实，要靠专业知识去判断；推理是否遵守逻辑规则，需用逻辑知识来回答。专业素养和逻辑素养欠缺其一，思想内容就难免出错。因此，改善表达能力，需要注重逻辑思维的训练。

逻辑思维能够提高人的学习能力，学习通常要解决两个问题：学什么？如何学？前者涉及学习内容的辨别，是学习之前要回答的问题；后者属于学习方法的选择，是学习之中要解决的问题。学什么，应根据个人的实际需要和学习条件，借助逻辑思维做出分析和判断。学习内容一经确定，逻辑思维的重要性就更加凸显。具体学科是由概念、命题、推理或论证构成的系统，而逻辑学揭示了概念、命题等思维形式的一般结构和规律，从而为学习提供了通用的一般方法。从一定意义上说，学习就是对众多概念和规则进行逻辑分析、消化吸收的过程。因此，能否掌握逻辑思维方法，关乎能否富有成效地持续学习、终身学习。

逻辑思维能够开发人的创新能力。钱学森曾说："创新的思想往往开始于形象思维，从大跨度的联想中得到启迪，然后再以严密的逻辑加以论证。"也就是说，创新始于形象思维，终于逻辑思维，创新思维是这两种思维的有机结合。另外，思路设计是体现创新精神和创新能力的关键步骤。进行思路设计可以尽情展开形象思维，捕捉灵感，设想方案，但比较方案、落实方案则需要逻辑思维的参与。培养创新能力，应将逻辑思维和形象思维有机地结合起来。

6. 动嘴之前，先在脑子里厘清逻辑顺序

说话的目的是表达中心思想，那么说出口的话就必须具有逻辑性，这是说话的技巧。语言的逻辑性更强调说话有条理，怎样才能条分缕析、言之有序呢？通常可以把掌握的信息编排一下次序，按一件事的发展顺序说，比如说家里发生的一件事，可以先说在什么时间、什么地点发生了一件什么事，再按开始怎样、结果怎样的顺序说，让人听清楚，听明白。如果语无伦次，东一句西一句，就会使整个结构混乱。

人要使自己说出的话逻辑性强，就要做到：有一定的目的性、有条有理、表达意思要层层递进。

说话要有一定的目的性，目的决定了谈话的中心意思。说话要前后相关联，句子要有合理的顺序排列。每句话之间有着自然的联系，不可把话扯东扯西，更不能语无伦次，要一句接着一句顺畅地表达所讲的内容。

语言的逻辑性，是与思维的逻辑性相关的。思虑周密才能中心明确，紊而不乱，要言不烦，说话才能有集中性、连续性和条理性。人在说话时要确定合理的思路，围绕中心话题，条理清晰，从结构上注意使用必要的过渡和照应。因为，说话过程中如果不锻炼思维的逻辑

性，就不能掌握语句连贯的技巧，这样就不能提高自己的说话水平。

有了丰富实在的思想内容，只是具备了良好口才的基本条件。这些思想内容还要经过合乎逻辑的整理，才能靠口传出来。人与人交流的过程，其实就是把心底的感觉、朦胧的意识整理传达出来的过程，也是一个动脑思考、进行抽象思维的过程。因此，一个人的抽象思维能力如何，将决定他说话是否准确严密，是否简洁清楚，而抽象思维能力也就是逻辑能力。如果把待讲的内容比作一堆蔬菜和调料的话，那么怎么烹调就要看厨师的手艺，也就是说要想使言语具有条理性，运用逻辑思维是关键。

要想成功地说服别人，你需要通过摆事实、讲道理对你自己的观点进行论证。而你的论证是否有力，很大程度上取决于你的语言的逻辑性。一般来说，善于讲道理的人，常常会利用语言逻辑的力量，用严谨的语言逻辑让对方无力辩驳，从而接受自己的观点和意见。

中国历史上儒家学派的大宗师、有“亚圣”之称的孟子，就是利用逻辑语言讲道理的佼佼者。历史上，孟子以善辩著称，是一位有名的雄辩家。他说话的逻辑性非常强，善于利用逻辑性的语言，配合人们非常容易理解的自然规律，通过类比，指出问题的关键所在，或委婉地批评对方，或含蓄地提醒别人，或通俗易懂地提供解决问题的参考答案。

孟子的弟子公都子对他说：“大家都认为夫子您爱好辩论。”孟子回答说：“难道我真的很喜欢辩论吗？我是迫不得已呀！”孟子是为了推行自己的政治主张，对付那班见利忘义、嗜杀不仁的统治者，才会通过自己的智慧，运用语言的逻辑威力，施展自己的辩才的。

孟子问齐宣王："如果大王您有一个臣子把妻子、儿女托付给他的朋友照顾，自己出游楚国去了。等他回来的时候，他的妻子、儿女却在挨饿受冻。对待这样的朋友，应该怎么办呢？"齐宣王回答道："跟他绝交！"孟子又问："如果您的司法官不能管理他的下属，那又该怎么办呢？"齐宣王说："撤了他的职！"孟子又问："要是一个国家被治理得非常糟糕，那又该怎么办呢？"齐宣王语塞，顾左右而言他。

孟子采用层层推进的逻辑方法，从生活中的事情入手，推论到中层干部的行为，再推论到高级领导人的身上。如此，令齐宣王毫无退路，非常尴尬，只能"顾左右而言他"了。其实，孟子还暗示齐宣王，就像把妻儿托付给朋友一样，国家是人民交托给君王的。

在生活中，运用逻辑思维甚至能够赢得自己"心上人"的芳心。

在美国的普林斯顿大学，有一个男生深深地爱上了一个美丽聪慧的女孩，但是，他一直不知道应该如何向她表达，因为，他总是害怕她会拒绝自己。一天，他终于想到了一个追求女孩的好方法，于是，他鼓起勇气，向正在公园里读书的女孩走去。他对女孩说："你好，我在这张纸条上写了一句关于你的话，如果你觉得我写的是事实的话，那就麻烦你送我一张你的照片好吗？"女孩的第一反应是：这又是一个找借口想追求自己的男生。这种男生，她见得多了，但聪明的她总能顺利摆脱男孩的纠缠。面对这个男孩，她很有自信："无论他写什么，我都不说事实，这样不就得了吗？"于是，女孩欣然答应了男孩的请求。"如果你说的不是事实，你千万不要让我把照片送给你！"男孩急忙说："那当然！"于是，男孩把那张纸条递给了女孩。女孩胸有成竹地打开了纸条。但她很快就皱起了眉头，因为她绞尽脑汁也想不出拒绝男孩的方法，只好把自己的玉照递到了男孩手中。其实，男孩写的就是一句很普通的话："你不会吻我，也不想把你的照片送给我。"如果女孩承认这句话是事实，那么她就得把照片给他。男孩正是利用了逻辑思维，得到了女孩的照片。

这个聪明的男孩名叫罗纳德·斯穆里安，后来，他成了美国著名的逻辑学家，而那个女孩，在日后也顺理成章地成了他的妻子。

在讲道理的时候，充分地利用语言逻辑的力量，不仅能达到说服对方的目的，还能充分展示你的才华和谈吐的魅力。

善于说话、办事的人都能够通过语言更加完整地表达自己的思想，任何语言活动实质上都是思维活动。语言的运用离不开思维，语言的恰当运用离不开逻辑。如果思维混乱、不合逻辑，语言表达就不可能清楚明白；而自觉地运用逻辑思维，则能够促进语言的严密准确、深刻有力，能够使语言具有条理性。

善于运用逻辑思维，可以使你的言语锦上添花；善于运用逻辑思维，可以使你有条理地表达自己的思想。如果你在逻辑思维上有了很大的进步，我相信你肯定会拥有出口成章的好口才，你肯定会惊奇地发现，自己看问题、做事情比以前少了盲目和困惑，多了许多的自如和信心。

所以，要想拥有良好的口才，就要注意提高自己的逻辑思维能力，使自己养成良好的思维习惯。

7. 改善人际沟通的逻辑原则和方法

沟通是社会性的交往单元，两个或两个以上的人在一起一定会进行沟通，沟通分析逻辑理论是将人们沟通过程中所获得的信息系统化的方法，通过它可以对人类的行为和情感有更深的理解。

人际沟通分析学（简称 TA）是目前国际上流行的一种心理咨询与治疗理论。这个逻辑理论的最大特点是，有一套通俗、简洁的分析语言和便于操作的方法。它的基础部分可以成为帮助公众改善自身人际关系、提升自身生活质量的心理学自助理论。

很多人际关系专家都强调沟通的重要性，在职场中，沟通则显得更为重要。上下级之间需要沟通，同事间需要沟通，总之，职场中无处不存在沟通。虽然每个企业或者说每个领导都强调沟通，但实际上能做到很好沟通的又有多少？如何做到有效沟通以提高工作效率呢？企业中上下级的沟通不平等的原因又有哪些？

为什么要说企业中的上下级沟通是企业沟通中最难的环节呢？原因有以下几点：

一、沟通的身份不对等，上级很容易以产生“胜者王侯败者贼”的心态，对下属的意见不屑一顾，产生膨胀心理，甚至自恋心态，只以身份、地位论事。当需要召开会议讨论一件事情的时候，组织者或上级的耳朵会选择性地听取意见，在他们认为可能有高见的人员中才会聆听，而其他意见根本没有听到，所以，有很多真知灼见他们没有选择并不是经过权衡认为有瑕疵，而是根本没有接收到信息。当然，是主观上不愿意接受信息，长此以往，会让积极发言的人员失去思考的积极性，在会议上出现静默现象。

二、沟通很容易走过场，成为上级的秀场，成为投机员工的加薪升职平台。

例如：某上级领导召开会议，论论一项议题，其实，在上级领导心中，早有自己的观点，而且认为那是绝对正确的，根本没有怀着虚心的态度来准备接受其他人的建议，所谓讨论，不过是走个过场而已。就客观情况来说，没有哪一个人敢说自己的观点，或工作成果无懈可击，就像奥运会一样，没有哪一个人敢说他是最强，更快、更高、更强才是人间正道。但很多上级领导都充满膨胀心态，根本容不下不同观点、不同意见。如果有哪个下级站出来挑出他的瑕疵、弊病，都被认为是“逆龙鳞”，不给面子，与领导不能保持一致，只能说明你是不入流的，因为领导的指示就是绝对正确的，怀疑只能说明你水平不行。而这时，一些根本没有想法，或者说根本没有想过这个议题的人，因为没有想过，看大家都在发表意见，自己着急了，发表意见吧，没有，怎样滥竽充数了？这是个问题。最好的办法就是和上级领导保持高度一致，大加赞扬。结果上级领导龙颜大悦，因为和他保持一致证明很有才能，因为领导的东西是最好的，不容置疑的。于是，升职加薪水到渠成。

虽然企业的情况千差万别，但导致沟通不良的关键还是在于观念与体制，其实观念与体制的改变都并非难于登天，只要你愿意花三分时间去思考，七分时间实践。

一、方式的多样化

企业的沟通最常见的是书面报告及口头传达，但前者最容易掉进层层评报、文山会海当中，降低沟通的效率性，而后者则易为个人主观意识所左右，无法客观地传达沟通内容。

企业开始为沟通不良所苦恼时，就应该采取不同以往的沟通方式进行改良。比如沟通效率过低，就应考虑设立专司沟通的部门，如沟通欠缺建设性，就应该反省企业内部教育是否滞后不前。

二、等距离沟通

高质量的沟通应建立在平等的根基之上，如果沟通者之间无法做到等距离，尤其是主管层对下属员工不保持一视同仁的态度，其间所进行的沟通一定会产生相当多的副作用：获得上司宠爱者自是心花怒放，怨言渐少，但与此同时，其余的员工便产生对抗、猜疑和放弃沟通的消极情绪，沟通工作就会遭遇很大的抵抗力。

保持同等的工作距离，不要和你的直接上司、下属产生私人感情，将是沟通平等化、公开化的重要所在。

三、变单向沟通为双向沟通

企业与员工的立场难免有不能共通之处，只有善用沟通的力量，及时调整双方利益，才能够使双方能更好地发展，互为推动。在国内，许多企业的沟通只是单向的，即只是领导同下属传达命令，下属只是象征地性反馈意见，这样的沟通不仅无助于决策层的监督与管理，时间一长，必然挫伤员工的积极性及归属感。所以，单向的沟通必须变为双向的沟通。

双向沟通的方式有许多种，其中的关键是领导层尊重下属员工的意见表达，切忌公开批评，即使员工所提建议不能被采纳，也要肯定其主动性。如果建议可行，则要公开表扬，以示鼓励。

四、提高沟通效率

上文提到沟通效率这一概念，其实，沟通效率类似于化学反应里的分解速度：沟通是处理管理不当所引起矛盾的主要工具，如果沟通效率过低，当然就无法及时“分解”内部的不良反应，此沟通也是低质沟通或无效沟通。

提高沟通效率最有效的方式就是明确沟通方向，这关系到企业内部部门职能的清晰与否，如果企业职能清晰明确，那么，所有内部沟通便有相应的针对对象，而不至于如皮球般被东踢西扔，最终不了了之。为避免在沟通过程中因为利益的冲突而导致恶性沟通，企业还有必要设立一个独立于各职能部门以外的监督部门，直属决策者，负责协调内部的沟通工作。

五、改善沟通的素质与技巧

一般而言，综合素质较高的企业沟通质量也较好，而素质普遍偏低的企业如果略为加强沟通，也不会出现太大的问题。沟通最困难的是内部人员素质参差不齐的企业类型，因为素质不齐。所以，在同样的沟通方式下，会产生各种不同的沟通反应，而根本的解决之道就是持续地开展内部再教育，让企业员工的思想跟得上企业的发展，同时也推动企业寻求更大的突破。

1. 率先表明自己的看法

当有难题要应付时，部下都盯着上司，如不及时阐明态度和做法的话，部下会认为上司很无能。同样，要想和部下打成一片的话，必须先放下“架子”，不要高高在上而要有适宜的言行举止。

2. 揭人不揭短

批人不揭短。现场人多，即使部下做得不对，如果当着大家的面训斥部下的话，会深深地挫伤其自尊心，认为你不再信任他，从而产生极大的抵触情绪。记住，夸奖要在人多的时候，批评要单独谈话，尤其是点名道姓的训斥，更要尽量避免。

3. 交流时间长不如短，次数少不如多

多交流显得亲热，交流时间不要太长，长了之后言多必失，频繁短时间接触部下，部下更容易亲近，更容易知道你在注意他、关心他。

4. 要想让人服，先得让人言

俗话说，要想人服，先让人言。纵使说服的理由有一百条，也别忘了让员工先说完自己的看法，不要连听都不听，不听等于取消别人的发言权，是不信任的最直接的表现。不管自己多么正确，都要让对方把话说清楚，然后再去要求员工换位思考解决问题，让他处在自己的位置上看如何解决。如果他设身处地去想，很可能两人能取得一致的意见。

5. 让员工帮助解决问题

现在的员工都有熟练的技巧，而且一般都很热心地把一己之长贡献给群体。事实上，他们对本身工作的认识比任何人都清楚。因此，要求员工帮助解决问题，不但可以有效地运用宝贵的资源，而且可以营造一起合作、共同参与的气氛。

6. 加强和下属的感情

用一些小技巧，比如亲笔写一封感谢便条，给他打个电话，请员工喝茶、吃饭，有小的进步立即表扬，或者进行家访，对员工的生活和家庭表现出一定的兴趣，经常走走，打打招呼，有时候送些神秘的小礼物。

第八章

运用逻辑说服对方并不难

在生活和工作中，我们要想做成一件事，实现一个目标，都不可避免地要说服他人。良好的逻辑思维是帮助我们说服对方的良好武器。只要我们运用好了逻辑思维，把话说得滴水不漏，就不难打动对方、说服对方。

1. 聆听他人，找到其逻辑弱点

“如果希望成为一个善于谈话的人，那就先做一个注意静听的人。始终挑剔的人，甚至最激烈的批评者，常会在一个忍耐、同情的静听者面前软化降服。”

耳听八方，能使我们跟上时代前进的步伐；广纳群言，能使我们保持清醒的头脑；谦虚谨慎，能使我们增长知识与才干。要真正做到这些，前提就是“倾听”。

练好倾听的基本功，倾听是一种技巧，当你掌握了这种技巧，你就能快速奔向成功。

古希腊有一句民谚说：“聪明的人，借助经验说话；而更聪明的人，根据经验不说话。”西方还有一句著名的话叫：“雄辩是银，倾听是金。”中国人则流传着“言多必失”和“讷于言而敏于行”这样的济世名言。

这些都给了我们这样的建议：在个别交往中，尽可能少说而多听。在我们身边，经常会有这样的人，他们喜欢说话，总是喜欢显示自己的能力，好像他博古通今似的。这样的人，以为别人会很佩服他们，其实，只要有点社会阅历的人，都会不以为意。更聪明的人，或者说智慧的人，往往会根据自己的经验，知道自己要是多说，必然会说得多错得也就多，所以不到需要时，总是少说或者不说。当然，到了说比不说更有效时，我们一定要说。

任何人说话说多了后，就难免会有水分，因为这是人在自觉或不自觉中掩饰自己或“骗人”的需要。而骗人的东西，想让别人相信是很难的。因此，说得多就错得多，还是少说为妙，除非真的到了非说不可的时候。

雄辩是银，倾听是金。在销售中，这句话就更有用处了。若是在给顾客下订单时，对方出现一会儿沉默的话，你千万不要以为自己有义务去说什么。相反，你要给顾客足够的时间去思考和作决定。千万不要自作主张，打断他们的思路，否则，你会后悔的。

日本金牌保险推销员原一平曾有这样的推销经历：他去访问一位出租车司机，那位司机坚决认为原一平绝对没有机会去向他推销人寿保险。当时，这位司机肯见原一平，是因为原一平家里有一部放映机，它可以放彩色有声影片，而这是那位司机没有见过的。

原一平放了一部介绍人寿保险的影片，并在结尾处提了一个结束性的问题：“它将为你及你的家人带来些什么呢?”放完影片，大家都静悄悄地坐在原地。三分钟后，那位司机经过心中的一番激烈交战，主动问原一平：“现在还能参加这种保险吗?”

最后，他签了一份高额的人寿保险契约。

在从事销售时，有的推销员脑子里会有这样一种错误想法，他们以为沉默意味着缺陷。可是，恰当的沉默不但是允许的，而且也是受顾客欢迎的。因为这可以给他们一种放松的感觉，不至于因为有人催促而作出草率的决定。

当顾客说“我考虑一下”时，我们一定要给予他充足的时间去思考，因为这总比“你先回去吧，我想考虑好了再打电话给你吧”要好。别忘了，顾客保持沉默时，就是他在为你考虑了。相比较而言，顾客承受沉默的压力要比我们承受的还要大得多，因此，极少顾客会含蓄地犹豫超过两分钟的。

如果你——推销员——先开口的话，那么你就有失去交易的危险。因此，在顾客开口之前，务必保持沉默，除非你想丢掉生意。

倾听是一种礼貌，是一种尊敬讲话者的表现，是对讲话者的一种高度的赞美，更是对讲话者最好的恭维。倾听能使对方喜欢你、信赖你。

每个人都希望获得别人的尊重，受到别人的重视。当我们专心致志地听对方讲，努力地听，甚至是全神贯注地听时，对方一定会有一种被尊重和重视的感觉，双方之间的距离必然会拉近。

经朋友介绍，重型汽车推销员乔治去拜访一位曾经买过他们公司汽车的商人。见面时，乔治照例先递上自己的名片：“您好，我是重型汽车公司的推销员，我叫……”

才说了不到几个字，该顾客就以十分严厉的口气打断了乔治的话，并开始抱怨当初买车时的种种不快。例如服务态度不好、报价不实、内装及配备不对、交接车的时间等待得过久。

顾客在喋喋不休地数落着乔治的公司及当初提供汽车的推销员，

乔治只好静静地站在一旁，认真地听着，一句话也不敢说。

终于，那位顾客把以前所有的怨气都一股脑地吐光了。当他稍微喘息了一下时，方才发现，眼前的这个推销员好像很陌生。于是，他便有点不好意思地对乔治说："小伙子，你贵姓呀，现在有没有一些好一点的车种，拿一份目录来给我看看，给我介绍介绍吧。"

当乔治离开时，心里已经兴奋得几乎想跳起来了，因为他的手上已经拿着两台重型汽车的订单。

从乔治拿出产品目录到那位顾客决定购买，整个过程中，乔治说的话加起来都不超过 10 句。重型汽车交易拍板的关键，由那位顾客道出来了，他说："我是看到你非常实在、有诚意又很尊重我，所以我才向你买车的。"

因此，在适当的时候，让我们的嘴巴休息一下吧，多听听顾客的话。当我们满足了对方被尊重的感觉时，我们也会因此而获益的。

众所周知，汽车推销员乔·吉拉德被世人称为"世界上最伟大的推销员"。他曾说过："世界上有两种力量非常伟大，其一是倾听，其二是微笑。倾听，你倾听对方越久，对方就越愿意接近你。据我观察，有些推销员喋喋不休，因此，他们的业绩总是平平。上帝为什么给了我们两只耳朵一张嘴呢？我想，就是要让我们多听少说吧！"

乔·吉拉德对这一点感触颇深，因为他从自己的顾客那里学到了这个道理，而且是从教训中得来的。

乔·吉拉德花了近一个小时才让他的顾客下定决心买车，然后，他所要做的仅仅是让顾客走进自己的办公室，然后把合约签好。

当他们向乔·吉拉德的办公室走去时，那位顾客开始向乔提起了他的儿子。“乔，”顾客十分自豪地说，“我儿子考进了普林斯顿大学，我儿子要当医生了。”

“那真是太棒了。”乔回答。

两人继续向前走时，乔却看着其他的顾客。

“乔，我的孩子很聪明吧，当他还是婴儿的时候，我就发现他非常地聪明了。”

“成绩肯定很不错吧？”乔应付着，眼睛在四处看着。

“是的，在他们班，他是最棒的。”

“那他高中毕业后打算做什么呢？”乔心不在焉。

“乔，我刚才告诉过你的呀，他要到大学去学医，将来做一名医生。”

“噢，那太好了。”乔说。

那位顾客看了看乔，感觉到乔太不重视自己所说的话了，于是，他说了一句“我该走了”，便走出了车行。乔·吉拉德呆呆地站在那里。

下班后，乔回到家回想今天一整天的工作，分析自己做成的交易和失去的交易，并开始分析失去客户离去的原因。

次日上午，乔一到办公室，就给昨天那位顾客打了一个电话，诚恳地询问道：“我是乔·吉拉德，我希望您能来一趟，我想我有一辆好车可以推荐给您。”

“哦，世界上最伟大的推销员先生，”顾客说，“我想让你知道的是，我已经从别人那里买到了车啦。”

“是吗?”

“是的，我从那个欣赏我的推销员那里买到的。乔，当我提到我对我儿子是多么的骄傲时，他是多么认真地听。”顾客沉默了一会儿，接着说，“你知道吗? 乔，你并没有听我说话，对你来说我儿子当不当得成医生，对你来说并不重要。你真是个笨蛋！当别人跟你讲他的喜恶时，你应该听着，而且必须聚精会神地听。”

刹那间，乔·吉拉德明白了当初为什么会失去这个顾客了。原来，自己犯了如此大的错误。

乔连忙对顾客说：“先生，如果这就是您没有从我这里买车的原因，那么确实是我的错。要是换了我，我也不会从那些不认真听我说话的人那儿买东西。真的很对不起，请您原谅我。那么，我能希望您知道我现在是怎么想的吗?”

“你怎么想?”顾客问道。

“我认为您非常伟大。而您送您儿子上大学也是一个非常明智之举。我敢确信您儿子一定会成为世界上最出色的医生之一。我很抱歉，让您觉得我是一个很没用的家伙。但是，您能给我一个赎罪的机会吗?”

“什么机会，乔?”

“当有一天，若您能再来，我一定会向您证明，我是一个很忠实的听众，事实上，我一直就很乐意这样做的。当然，经过昨天的事，您不再来也是无可厚非的。”

两年后，乔卖给了他一辆车，而且还通过他的介绍，获得了他的许多同事的购买车子的合约。后来，乔·吉拉德还卖了一辆车给他的儿子，一位年轻的医生。

从此以后，乔·吉拉德再也没有在顾客讲话时分心。而每一位进到店里的顾客，乔都会问问他们，问他们家里人怎么样了，做什么的，有什么兴趣爱好，等等。然后，乔便开始认真地倾听他们讲的每一句话。

大家都很喜欢这样，那给了他们一种受重视的感觉，他们认为，乔是最会关心他们的人。

乔·吉拉德对“倾听”作了下面的简单总结，他认为，当我们不再喋喋不休，而是听听别人想说什么时，至少可以从中得到三个好处：①体现了你对对方的尊重；②获得了更多成交的机会；③更有利于找出顾客的困难点。

倾听是一种姿态，是一种与人为善、心平气和、谦虚谨慎的姿态。这种姿态，能使你海纳百川、光明磊落、心底无私。

倾听是理解、是尊重、是接纳、是期待、是分担、是共享快乐，因此倾听的意义远不只仅仅给了别人一个表达的机会。倾听的实质是放下倾听者的架子，用温暖的笑脸去面对说话者，加强彼此的沟通和交流，获得对方的喜欢与信任，更是获得交流智慧的方法。

2. 分场合、有针对性地进行逻辑性发言

当机会呈现在眼前时，若能牢牢掌握，十之八九都可以获得成功而能克服偶发事件，并且替自己找寻机会，更可以 100% 地获得胜利。

西方语言学家声称："语言表达恰当与否的真谛是：'你能否在恰当的场合及适当的时机，用得体的方式表达你的观点。'"

中国也有句俗话："酒逢知己千杯少，话不投机半句多。"也就是说，说话既要看对象，也要选择好时机和场合，时机不到，信口开河，肯定不会收到好的效果，一生败在这方面的人很多，有许多人虽然能言善辩，但却不会选择说话时机，该他说的时候不说，不该他说时，却又喋喋不休地说个不停，虽有好口才，却难以成为一个受欢迎的人。善于选择说话时机与场合，这是一种交际策略，也是塑造良好说话形象和说话风格的重要手段。

把握好适当的说话时机与场合对于办好事有着举足轻重的作用。许多人有一个共同的毛病，即在不必要的场合中，把自己所拥有的一切话题，在一次机会中全部谈完，等到需要他再开口的时候，他已无话可说了。这种现象，不论是在普通会话或正式演说场合中，都是应该引起我们重视的。一个具有高明说话技巧的人，应该能够很快地发

现听众所感兴趣的话题，同时能够说得适时适地，恰到好处。也就是说，他能把听众想要听的事情，在他们想要听的时间之内，以适当的方式说出来，这才是一种无与伦比的才能。这种具备优越时机感的人，甚至在遭到突变、受到阻碍时，也能转危为安，转祸为福。

战国时期，赵国的孝成王刚刚登基的时候年纪尚幼，国家的政权由母亲赵太后执掌。秦国抓住机会向赵国发动进攻，赵国自知难以抵挡，于是急忙向齐国求助。齐王为了能够确保自己的利益，要求赵太后将自己的另一个儿子长安君作为人质，以此作为齐国出兵援赵的条件。

赵太后并不愿意将自己心爱的儿子送去齐国作为人质，朝中群臣纷纷谏言，希望赵太后能够为了国家的安危答应齐国的要求。赵太后不但不答应，还十分生气地对左右的侍卫说："如果哪个家伙再敢提出这样的谏言，我就吐他一脸口水！"

这时，宫人对太后说，左师触龙求见太后。赵太后带着一肚子气接见了他。触龙进了大殿之后，走得十分缓慢，等停下来站定之后，他向赵太后抱歉道："老臣的腿上有毛病，一直走不快，因此很久没过来见太后了，十分自责。最近听说太后很生气，怕您因此而伤了身体，特来看望太后。"赵太后回答道："哀家平时都是坐着车辇行动的。"触龙又问："太后每天吃东西没减少吧？"赵太后回答道："就喝一点粥而已。"触龙说："我这些天一点都不想吃东西，就是每天强迫自己走一走，每天三四里路，希望能够增强一点食欲，让自己的身体好一点。"赵太后回答道："哀家可没法子像你这样。"这一段对话之后，太后的气也消了一些。

触龙接着说："老臣的犬子名叫舒祺，在子女当中年纪最小，没什么本事。老臣的身体也越来越差，平时也很喜欢这个儿子，希望他能够进入宫中做一名侍卫守卫王宫，老臣冒死恳请太后能够答应。"赵太后回答道："好吧，你儿子今年多大了？"触龙回答道："今年15岁了。年纪虽然小，但老臣希望自己在世时能够将他托付给您。"赵太后说："你们男人也会疼爱自己的孩子吗？"触龙回答："当然，甚至比女人还更疼爱孩子！"赵太后笑着说："还是女人更疼孩子一点。"触龙回答说："老臣自认为您对公主比对长安君要疼爱得多。"太后回答道："你这话可错了，我还是更疼长安君一点。"

听了赵太后的话，触龙趁机说："父母爱自己的孩子，就应该为孩子做长远的打算。您送公主远嫁燕国为后时，因为公主背井离乡而非常伤心。公主出嫁之后，您平时也十分思念她。但在祭祀的时候每次都会祈祷，希望公主能够长久地在燕国住下来，不要因为什么事情被燕王赶回来，这不就是为公主的终身幸福着想，希望她的子子孙孙能够成为燕王吗？"太后回答道："就是这个道理！"

触龙说："从现在的三代之前，到现在的赵国，赵王的子孙有封王、封侯的吗？"太后回答道："没有。"触龙再问："不仅是赵国，当时的诸侯子孙还有活下来的吗？"太后回答："没听过。"触龙接着说："如果这种报应来得早的话，就是自己受害，来得晚的话就是儿孙遭受灾祸。并不是这些诸侯的子孙没有才能，而是因为他们地位尊崇，却并没有建立什么功勋，俸禄丰厚却没有做什么实事，还占有了很多宝贝。现在太后给了长安君尊贵的爵位，封给他肥美的土地，还给了他很多宝贝，却没有让他为国家立下什么功勋。一旦太后千年之后，长安君凭借什么在赵国立足呢？老臣认为太后对长安君的疼爱只是放在眼前，因此说太后对他的爱还比不上公主。”太后听了恍然大悟：“那好，就按你的意思来办。”不久之后，赵国用一百辆车马将长安君送去齐国作为人质，齐国于是发兵援助赵国。

这件事说明，把握说话时机与场合非常重要，这个过程需要充分的耐心，也需要积极进行准备，等待条件成熟，但绝不是坐视不管。《淮南子·道应》云：“事者应变而动，变生于时，故知时者无常行。”

“话有三说，巧说为妙”。何谓巧说？就是说出的话语是那时、那地、那情景下最符合他身份、性格的语言，这就是“巧说”。要想把话说得恰到好处，不仅要注意“说什么”，更应该注意“怎么说”。

机不可失，时不再来，是中国的一句俗话。如果不是正式交谈的话，真正很难订个时间进行。这就要求你交谈要善于捕捉时机。美国百货业巨子约翰·甘布斯说，他之所以能发财致富，成为名人，关键在于他从不错过任何一个哪怕只有万分之一希望的机会。

许多人都不明白尽心尽力地去把握良好的时机，导致造成终生追悔莫及的憾事。说起来，掌握时机似乎是一种天赋的特别直觉，但它和经验一样，必须磨炼出来。无论是在运动场上、商场里，还是在其他事业上，把握适当的说话时机，才能助你一臂之力。

要能适当地因人而选择说服的方法，自己也一定要具备知识和体验。所以为了能具备这种说服他人的才能，一个人就得体会各种经验，以增加自己的见识。如果胜利一定要付出沉痛的代价，就不妨先考虑一下值不值得。

能在最适宜的时机与场合，说出最适宜的话，这才是最会说话的人。否则，如果说话的时机把握得不好，那你说出的话再漂亮，也是没用的废话。

好的时机常常就在瞬息之间，稍纵即逝，而且时不我待，失不再来。因此，说话时机、场合的把握，比掌握、运用其他说话技巧更难、更重要。

3. 从逻辑人手掌握话语主动权

逻辑是一种思维的规律，而正确的思维实际上就是思考问题的方式能与客观现实相匹配。用通俗的话来说，就是说话要合情合理。只有如此，我们才能牢牢掌控话语的主动权，我们说话才会有人听、有人信，才能真正起到实际作用。

没逻辑的话多说无益

我们常常看到一些人，他们说起话来天花乱坠，死的也能说成活的，最后哪怕说得再多也没人信，因为听众知道他说的话根本与现实相去甚远，听信他的话只会被他欺骗，进而遭受利益损失。

有的人则是为了说服对方，直接提高嗓门与对方争论，仿佛自己的分贝越高，自己越占据主动权和优势。但实际上，这种所谓优势只不过是“物理性质的”，说得再多，分贝再高，别人听不进去也是白费力气。甚至还会让人觉得这个人态度恶劣，进而由争论变成争吵甚至引发激烈的冲突。

这些人之所以费尽力气还掌握不了说话的主动权，其中的一个重要原因就是他们说话缺乏逻辑性，没有抓到问题的关键，或者无助于实际问题的解决。因此，这些人尽管看起来说话很积极，却收不到实际效果。

有逻辑的话才是金玉良言

反观有的人，平时寡言少语，但只要一开口，短短几句话就能让人茅塞顿开，甚至是“听君一席话，胜读十年书”！用通俗的话来讲，就是这个人将话说到点子上了。之所以能够起到这样的效果，就是因为这些人说话具有严密的逻辑性，说出来的话鞭辟入里，能对事情的解决起到建设性的作用。

培养强大的认知能力

当然，能够说出具有严密逻辑性的金玉良言，强大的认知能力是不可缺少的前提。我们要想让自己说出的话富有逻辑性，首先就需要对这些话所涉及的事物具有很强的认知。只有如此，我们才能让自己说出来的话充满逻辑性。这些话才能让人信服，并对解决具体的事情，或者解释问题带来帮助。如果我们本身对这件事情并不了解，没有产生正确的认知，那么我们的话说得再漂亮，看起来中立客观，实际上谬误百出，完全站不住脚。一旦碰到明白人，就会穿帮露馅。

我们在现实中往往能看到一些人，看起来遣词用句非常客观严谨，但明眼人一听就明白这些都是两头堵的话，听起来漂亮，实际上没一点用处。这样的人不但说话没分量，还会给人留下坏印象。在人们眼中，这种人要么是一知半解的半桶水，要么就是处处讨巧的投机分子，这样的人也是讨人嫌的。

培养语言组织能力

很多人常常会发现，动手能力和语言表达并不是一回事。我们可以看到一些老学究，肚子里满腹经纶，但是让他们站到台面上演讲却语无伦次，不知所云，这就是没有语言组织能力的表现。由此可见，将自己对事物的认知能力用语言表达出来也并不是一件容易的事情，它需要我们培养出自己强大的语言组织能力，只有这样，我们才能用最准确的词句将自己的意思表达出来，将自己的正确认识传递给听众。否则，哪怕这些人能力再强，也只能在人群的背后默默耕耘。

我国有位伟大的数学家，尽管在数学领域有着深入的研究和卓越的建树，但在学校聘请他担任数学教师后，这位数学家的教学成果却乏善可陈，其中的重要原因就是他的语言组织能力有问题，没办法将自己的知识完整、准确地传授给自己的学生。最后他不得不放下教鞭，回到幕后继续钻研数学。虽然这无损于他在数学领域的伟大，但如果他的语言逻辑性更强一点，也许他能更好地将自己的一生所学教授给更多的学子，为中国在数学领域做出更广泛和长远的贡献。

由此可见，培养自己的语言组织能力对确保自己说话具有逻辑性的重要性。同样一个意思用不同的说法说出来，也许会产生不一样的效果。这其中有语言风格的问题，也是语言能力强弱不同的结果。

良好的交流习惯

要想让自己说话具有逻辑性，良好的说话习惯或者与人交流时的状态也十分重要。有的人在说话之前会经过慎重思考，仔细斟酌，经过精心准备之后才发表自己的看法或者将自己的话说出来。这样，才能让自己口吐莲花，字字珠玑。哪怕没有时间准备，这些人说话时也是慢条斯理，以确保自己说话时的逻辑的严密性。有的人在和别人说话时，会尽量让自己保持平和的心态，以便能在说话时做到头脑冷静，思路清晰，最终确保说话的逻辑性。很多人虽然事前经过精心准备，结果在说话过程中一碰到对方的反击或者质疑，马上就“不淡定了”，脸红脖子粗，头脑一发热，结果前面准备好的话全部乱了，最后气得自己说了什么都不知道了。在这种情况下，要想确保语言的逻辑性也就成了不可能的事情了。

另外，简洁有力的语言也是确保说话有逻辑性的重要保证。正所谓言多必失，话说得太多、太复杂也容易将自己的思维带乱，也容易造成听者的理解错误。总之，一个能抢占说话主动权的人，一定是一个说话有逻辑的人，一个睿智和有风度的人！只有这样的人，才能成为人群中的焦点。

4. 先 yes 再 but，切换对方的逻辑思维

与人沟通，首先要得到对方的认同，这就需要我们用逻辑思维去引导。先让对方认同你，也就是先要找到与对方的“共同点”。先让对方说“yes”，然后你再举出自己的观点，你再说“but”就更容易切入主题了。

与客户进行有效的生意沟通，是销售人员需要掌握的一项基本功。俗话说：“道不同，不相为谋。”销售人员需要寻找到与客户的利益共同点，围绕这个点引导话题、诱导客户，从而进行有助于销售的沟通。如何寻找利益共同点？如何选择恰当的方式与客户进行交流？有一些基本的技巧是可以通用的。下面通过几个例子，说说如何围绕利益共同点展开沟通和交流。

案例 1：与小老板打交道，产品质量和毛利是出发点。

小王是一家小型礼品公司的业务员，这天，他初次拜访一位客户。由于客户比较忙，又得知小王来自小厂家，就很不耐烦地让他下次再来。此时，小王趁他擦汗的工夫，递给他一款竹炭毛巾让他使用。老板有些不知所措，他并没有顺手拿来擦汗，而是仔细端详起来这款毛巾。看到老板的神色，小王知道合作“有门”了。

过了一会儿，老板抬起头来问："你们这款毛巾款式和质量还不错，只是不知道市场怎么样？周围有没有人卖过？"由于小王把不准店老板的脉，便往大处说："我们这款毛巾推出3年多了，在周边的城市卖得挺火。公司安排我来这里开发市场，我看您这里生意比较好，所以希望能和您洽谈一下合作事宜。"听了小王的话，店老板又问："那你这个东西利润怎么样？产量稳不稳定？"看店老板有了合作的意思，小王便顺势展开产品推介，并顺利将产品推销给了小店老板。

案例2：与礼品企业主管谈生意，销量和毛利是关键。

小张是一家知名家居礼品厂家的销售代表，他这次是去和一家礼品企业洽谈一款新品的铺样活动。小张还未说明来意，主管已露出一副不耐烦的模样。小张见已是中午了，便邀请主管一起吃饭，顺便谈谈公事。这名主管推掉了饭局，但脸色明显好看多了。小张见状就抓紧时间简要介绍了产品销售方案。

主管听完介绍，皱了皱眉头，并告诉小张，另一厂家近期已经安排了一款产品，而且品牌知名度差不多，销售的扶持力度却比小张提供的这款产品要大一些。小张听后心中一震，最担心的事情还是发生了，但是他定了定神说："还是希望主管能抽个时间，我们详细谈谈这个产品的铺样计划。"主管的神色有些缓和，并对小张说："虽然那个品牌的产品和你们的没有直接冲突，但那款产品的价格和毛利都比较能满足我们公司的要求，所以我们近期很想和那款产品合作。"

通过进一步交谈，小张弄明白了竞争对手的活动方案明细，于是他告诉主管，竞争对手的那款产品的市场反响并不理想，尽管价格和毛利合适，销量不一定能冲上去。而自己提供的这款产品，虽然毛利低了一点，销量肯定没问题，而且为了保证活动的顺利开展，他还可以多申请部分费用，再请两名临时业务员协助销售。听了小张的话，主管有了点兴趣，因为如果销量大了，虽然利润率低了点，但是毛利并不少。于是，经过小张的一番游说，竞品的活动方案流产了。

通过上面的两个案例，可以总结出以下两个结论：

第一，根据不同的沟通对象，选择恰当的沟通出发点。沟通的对象不同，对方的需求便不一样，沟通的出发点自然要慎重选择，只有以迎合客户需求为主，才能顺利展开沟通。

销售人员与传统渠道的小型礼品公司老板进行交流时，话题要围绕产品的质量和利润展开。这些老板通常会首先选择售卖质量比较可靠的产品，因为来买东西的都是亲朋好友，其次才会注意到产品的利润，毕竟开店还是要赚钱的。与现代渠道的礼品企业主管沟通时，需要更多关注公司的需求。

第二，根据不同的沟通场景，采用合适的沟通策略。在销售沟通过程中，经常会有突发状况，此时，销售人员要能随机应变，采取比较合适的沟通策略，以保持沟通，这就要求销售人员要有眼力见儿，思想灵活，方法多变。比如，看到客户忙碌时，不妨随手帮一把，沟通障碍可能就顺势打破了，销售产品自然多了一分把握。再比如，谈工作到了用餐时间，邀请客户一同吃饭，既可拉近客情，也能够争取到较多的时间谈业务，自己的套路也就能够全面铺开，业务成交的可能性自然会大大增加。这样的例子比比皆是，尤其是作为销售新人，接触的信息多而杂，更需要根据场景迅速做出正确的判断和反应。

由此看来，沟通的效果如何，关键在于销售人员的功力深浅，其中个人素养与知识储备是内功，社会阅历和从业经验是招式。只要功夫到家了，沟通便不是难题。

试着找共同点。如果与对方不太熟，可以尝试找一找你们有没有什么共同点。比如双方都认识的朋友、同事，或者住在同一个小区、来自同一个家乡等，然后聊聊这些共同之处。这种“亲和效应”，不仅能大大拉近双方的距离，还能找到不少共同话题。

聊聊身边的人和事。如果双方实在没有共同点，不妨聊一聊正发生在你们身边的人和事吧，比如身边的环境、来往的人群等。随便说一句“这个酒店的音乐不错”“旁边那个小孩真可爱”……没准儿就能找到你们的共同兴趣点。但最好注意避免谈论一些负面或者争议性的话题，以免影响谈话气氛。

多问对方“你看呢”。如果总是一个人在喋喋不休，另外的人自然觉得没趣。不妨说完一句话，主动问问别人“你觉得怎么样”“你听说了吗”“您看呢”等。这样的询问不仅能吸引对方的注意力，还能让他不得不加入到谈话中来，从而打开话匣子。

不要强撑局面。如果谈话实在难有共鸣，与其硬撑下去，还不如找个借口礼貌地离开，会给人留下善解人意的好印象。

我们在和人交往尤其是和陌生人交往的时候，往往会自觉不自觉地随着他的说话兴趣点去挖掘双方的共同点，从而揣摩他的真实想法，促成交易达成。这是必不可少的，也是我们说话思维的捷径。掌握好这一点对我们日常生活、工作很有好处。

要着力寻找与他人的共同点，先做朋友，后做业务。在大家熟络之后，借机寻找可以达成交易成功的机会，并努力促成。

这种销售思维方式在实际销售中也确实取得了不错的成果，在业务稳定发展的同时，使双方的关系定位超出了单一的业务关系，得到了很大程度的加深。

5. 对方狡辩时，你要及时回到话题正轨

逻辑思维应用在各类环境的变化中，要做好应变能力的准备，才不会被变化所淘汰。我们的生存环境就是在面临一次一次不间断的挑战和转化。

个性害羞、内向而不敢开口，别人将无法了解你；过于健谈，又恐沦为咄咄逼人、浮夸的感觉。成功与失败往往在一念之间，得罪别人或得人欢心，也可能只是一句话而已，如何拿捏得宜实在不是件容易的事，因此，如何开口说话，且得当合宜自然是一门艺术了。

一句话在不同场合，面对不同的人就有不同的说法，如果不能妥善运用、随机应变，仍然无法发挥说话的功能。因此，说话得体，是一门艺术，只有面对不同的语言环境随机应变，才能取得最佳的表达效果。

从某种意义上来讲，随机应变的对话方式，要有点“见人说人话，见鬼说鬼话”的本事，不能永远都用同一种方式说话。

应对不同的人，要有不同的方式。否则稍不注意，就很容易得罪人。有了这样的意识，遇到人就会自动将他们分类，形成自己的一套待人处世的逻辑。在北京这样的国际大都市工作，每天都有可能遇到来自世界各地、不同背景的人，周遭环境变化很快，需要很强的应变力。

整个世界都处于变化之中，与人交往也是如此，只有懂得“变”的法则，才能把握机会，逢凶化吉，转难为易。若不知道应变，则往往会碰得鼻青脸肿，头破血流。所以，在保持高尚人格的前提下，学会随机应变，将会使自己在社会生活、工作中受益无穷。智者知道“变则通，通则久”的处世哲理，而愚者却画地为牢，墨守成规，束缚住了自己的手脚。

兵法所说：“知己知彼，百战不殆。”在实际生活中，我们同人交往，说话、办事也是一样。单单认识自己的能力、性格、好恶，很难同别人进行良好的沟通。

在交际中遇到不同的人要说不同的话，以便适合对方的心理，从而赢得对方的好感。只有赢得对方的好感，才有可能获得想要获得的东西。这也是成大事的一大技巧。

跟人说话，先要明白对方的个性。对方喜欢婉转，应该说含蓄的话；对方喜欢率直，应该说急切的话；对方崇尚学问，就说高深的话；对方喜谈琐事，就说浅显的话。说话方式能与对方个性相符，自然能一拍即合。

智者懂得“该文即文，该俗即俗”，“到什么山上唱什么歌”。根据对象的不同而采取不同的言语方式，所以不会制造对立，产生麻烦；而愚者却往往把这种灵活性说成是见风使舵、两面三刀、曲意奉承，他说话不分对象，心里想什么，就直接道出来。常常是，说者无意，听者有心，不知不觉中就得罪了许多人，给自己无形中制造了很多不必要的麻烦，甚至造成不可挽回的后果。

想要摆脱这种尴尬的场面，就要学会与不同对象谈话的技巧。

对方的性格，是我们与其办事的最佳突破口。投其所好，便可与其产生共鸣，拉近距离。无论找什么样的人办事，我们都应首先摸透他的性格，依据其性格“对症下药”，就很容易“药到病除”。

在与人交往时，如果不了解对方，甚至连对方的姓名都没弄清，就不能信口开河，乱谈一通，那样很容易弄得对方不高兴。

一个读书人经过三科，又参加候选，得了一个山东某县县令的职位。他第一次去拜见上司，不知该说什么话。沉默了一会儿，忽然问道：“大人尊姓?”这位上司很吃惊，勉强说了姓某。他低头想了很久，说：“大人的姓，百家姓中所没有。”上司更加惊异，说：“我是旗人，贵县不知道吗?”他又站起来，说：“大人在哪一旗?”上司说：“正红旗。”他又说：“正黄旗最好，大人怎么不在正黄旗呢?”上司勃然大怒，问：“贵县是哪一省的?”他说：“广西。”上司说：“广东最好，你为什么不在广东?”那人吃了一惊，这才发现上司满脸怒气，赶快走了出去。第二天，上司令他回去做教书先生。

试想连上司的姓氏都没弄清楚，而胡乱发问，岂不是自找苦吃？

有时候，可能对你打交道的人不甚了解，但是智者往往能通过语言、工作环境、屋中摆放的物品来了解对方的性格，从而打开突破口，投其所好，切入话题，可收到意想不到的效果。

一向精明的杨先生非常生气，因为他最喜爱的一件新外套被洗衣店的人熨了一个焦痕。他决定找洗衣店的人赔偿。但麻烦的是那家洗衣店在接活时就声明，洗染时衣物受到损害概不负责。与洗衣店的职员做了几次无结果的交涉后，杨先生决定面见洗衣店的老板。

进了办公室，看到高高在上的老板面无表情地坐在那儿，杨先生心里就没了好气。

“先生，我刚买的衣服被您手下不负责任的员工熨坏了，我来是要求赔偿的，它值1500元。”杨先生大声地说道。

老板看都没看他一眼，冷淡地说：“接货单子上已经写着‘损坏概不负责’的协定，所以我们没有赔偿的责任。”

出师不利，冷静下来的杨先生开始寻找突破口。他突然看到老板背后的墙上挂着一支网球拍，心中便有了主意。

“先生，您喜欢打网球啊？”杨先生轻声地问道。

“是的，这是我唯一的也是最喜爱的运动了。你喜欢吗？”老板一听网球的事，立刻来了兴趣。

“我也很喜欢，只是打得不好。”杨先生故作高兴且一副虚心求教的样子。

洗衣店的老板一听，更高兴了，如碰到知音一样地与他大谈起网球技法与心得来。谈到得意时，老板甚至站起身做了几个动作。而杨先生则在这时大加称赞老板的动作优美。

激情过后。老板又坐了下来。

“哎哟，差点忘了！你那衣服的事……”

“没关系，跟您上了一堂网球课。我已经够了！”

“这怎么行！”一个年轻人跑了进来，“小王，你给这位先生开张支票吧……”

智者认为见什么人说什么话，不是为了讨好对方，而是尊重对方，为了与之更好地交流。以对方喜欢的方式与他交流，会让对方有一种被人接受、被人承认的感觉，更重要的是能达到自己的目的。而愚者则不管对方喜恶，信口开河，胡乱拉扯，会使对方产生不快，甚至厌烦，很难使双方意见达成一致。在交往中能辨别风向，才能掌好舵，也才能实现自己的目标。

6. 促进沟通顺畅的逻辑方法

每个人都要懂得与人沟通的方法，明白沟通在我们的日常生活中所起的巨大作用，这样你才能够左右逢源，无往而不利。

何为沟通，沟通就是指人与人之间传递信息，交流信息，达成共识的过程。人与人之间沟通得好不好，决定了你的人际关系好坏，决定了你事业的成败，决定了你是否幸福快乐，所以沟通是人类生存最基本的要素。沟通不是让你一直说，首先要学会聆听，然后找到双方的共同利益点达成一个共识，沟通是门艺术，要想变成沟通高手，不仅要多学多练，在沟通的过程中还需要掌握一些原则。

沟通讲究四大原则

尊重的原则：人的八大需求，其中一大需求就是尊重，渴望得到尊重是人的天性，所以在沟通过程中首先要尊重对方，无论双方有多大差距都要彼此尊重对方，只有尊重别人，别人才会尊重你。

理解的原则：永远考虑对方的利益点是沟通的重要原则，聆听对方的诉求，了解对方的需要，理解对方的苦衷，处处为对方着想，对方才能感受到你对他的爱，反过来他也会关心你。

共识的原则：沟通的目的是要达成双方的共识，在沟通过程中寻找双方的共同点，把分歧放在一边，找到双方的共同利益。

不否定原则：不论对方说得对与错，我们都不要否定对方、打击对方，每个人的观点都是不一样的。不要用“你说得不对”“但是”“你这样认为是错误的”等否定语言，你想想如果别人否定你，你也会不高兴，人一旦不高兴便会产生抵触情绪，所以不要辩论谁是谁非，逞一时口舌之强。等他说完，你再阐述你的观点就可以了，一般人是能够做出正确的判断的。

与别人沟通之前一定要搞清楚，这次沟通要达到什么样的目的？目的不同，行动的方式方法和结果也不一样。有的业务员往往由于把目的搞错，而使沟通的效果大打折扣。

沟通的目的不是为了“说服”对方。没有人愿意被说服，当对方感觉到你要说服他时，他很自然会产生一种抵触的心理，即使觉得你说得有道理，他也不愿承认，会想各种各样的办法来表示异议。同时，当你抱着说服对方的目的去沟通时，容易怕对方拒绝而信心不足，说话没有底气、力度不够，或者容易急于说服对方而缺乏耐心、过于急躁，这对结果都是不利的。

沟通的目的不是为了“显示”口才。有的人与人沟通时喜欢只顾自己口若悬河、滔滔不绝地讲，好像在做公众演说，而不去关注对方的感受和反应，这样做看起来口才很好，讲得很精彩，沟通的结果却并不好。

沟通的目的不是为了“争论”。无论如何，沟通时出现双方各执己见、争执不下的情况，都是非常失败的结果。因此，我们一定要不断提醒自己，既然沟通的目的不是为了争论，那就一定要主动想办法避免这种情况的发生。

沟通的目的首先是为了增进相互了解。每个人有不同的想法、观点，通过交流相互了解了对方的想法，才能相互理解。我们要告诉自己，沟通就是跟对方去聊聊天，交换一下看法，因此完全没有必要有任何心理负担，应该非常轻松地去沟通。

沟通的目的是为了达成共识。两个人肯定有不同的观点，肯定也有相同的观点，沟通不是为了看到不同点，而是为了找到共同点。所以沟通时要善于把分歧暂时放到一边，引导对方多看共同点。

沟通的最好结果是双赢。成功的沟通其结果是没有失败者，双方都是赢家，双方都感到有收获。

在把沟通能力也列入竞争力要素的今天，沟通技术如何就变得十分重要了，许多企业、组织把提高沟通能力作为加强培训员工的重要课程，同时也有越来越多的管理者意识到沟通能力对自己的职业生涯发展有着举足轻重的影响。沟通应该是人类的本能之一，即使他不和人沟通，也肯定会与自然沟通。当然，沟通能力的高低一定是要通过后天的努力学习与实践的。

认清语言表达能力的重要性。在现代社会，由于经济的迅猛发展，人们之间的交往日益频繁，语言表达能力的重要性也日益增强，好口才越来越被认为是现代人所应具有的必备能力。

作为现代人，我们不仅要有新的思想和见解，还要在别人面前很好地表达出来；不仅要用自己的行为对社会做贡献，还要用自己的语言去感染、说服别人。

语言是人类分布最广泛、最平均的一种能力。在人的各种智力中，语言智力被列为第一种智力。事实表明，语言能力并不是与生俱来的，而是人们通过后天学习获得的技能。虽然有遗传基因或脑部构造异常而存在着语能优势或语能残缺。在现实生活中，由于每个人的主客观条件、花费时间和学习需求的不同，我们获得语商能力的快慢和高低也是不同的。这就表明人的语商能力主要还是依赖在后天的语言训练和语言交流中得到强化和提升。

语言在人的一生中都占据着重要地位，是人们发展智力和社交能力的核心因素。

长久以来，人们总是以为语言只是一种沟通工具，必须要熟练地掌握它、使用它。实际上，这种认识仅仅是从语言的交际功能出发的。从语言和“说话人”的关系这层意思来看，语言是个“多媒体”——既可作为工具，同时也是心智能力的一种反映。例如，同样是说话，同样要表达一种意思，有的人会“妙语连珠”，而有的人却“词不达意”。这就是心智能力的差异。假如一个人其他方面的能力很优秀，同时，他的语商能力也在逐步提高，那么他一定会更优秀。语商不但可以使人用大脑思考问题，还可以随时用语言表达思考的问题。如果我们说话时用语准确，修辞得体，语音优美，那我们从事各项工作会更加游刃有余，事业就会更加成功，人生也会更加丰富多彩。

第九章
逻辑周全才能让决策英明果断

有些人英明果断，办事能力非常强。他们的优势不在于他们的智商，也不在于他们的知识储备，而在于他们逻辑思维能力强，考虑事情周全，能多角度、全方位地考虑事情，将风险降到最低点。因此，我们要重视和加强自己的逻辑思维训练，让自己想得周全，做事英明果断。

1. 有超强的逻辑大脑，不愁没万全之策

逻辑思维可以帮助我们解决所有的难题，在没有一个万全之策的情况下，听从你的逻辑思维判断，作出的决定就是最好的。利用逻辑发散思维获得一个小主意，往往会赢得无尽的胜券。

美国艾士隆公司董事长布希耐一次在郊外散步，偶然看到几个小孩在玩一只肮脏且异常丑陋的昆虫，爱不释手。布希耐顿时联想到：市面上销售的玩具一般都是形象优美的，假若生产一些丑陋的玩具，将会如何？于是，他要求自己的公司研制一套“丑陋玩具”，迅速向市场推出。

这一炮果然打响，“丑陋玩具”给艾士隆公司带来了收益，使同行羡慕不已。于是“丑陋玩具”风靡市场，如“疯球”就是在一串小球上面，印上许多丑陋不堪的面孔；橡皮做的“粗鲁陋夫”，长着枯黄的头发、绿色的皮肤和一双鼓胀而带血丝的眼睛，眨眼时又会发出非常难听的声音。这些丑陋玩具的售价超过其他玩具，一直畅销不衰，而且在美国掀起了行销“丑陋玩具”的热潮。

这“丑陋”的灵感获得了商业成功，为艾士隆公司广开财源，其根本原因就是利用逻辑思维抓住了两种消费心理：追求新鲜和逆反心理。

日本的兵库县有一个丹波村，交通很不方便，村子很穷，没什么特产。为使村子富起来，村里人请了很有经验的井坂弘毅先生来做顾问。井坂先生考虑：要使这个村子富起来，就得想办法使之“商品化”，可是这里有什么东西可卖呢？井坂先生绞尽脑汁，突然灵机一动：如今在物质文明中生活的现代人，厌倦了城市的喧嚣，对“原始”生活自有尝试的兴趣，因而说服村里人在树上筑屋而居。

很快，新闻传开了。不少城市人争相涌入这个小村，为的是体会另一种生活方式。随着观光人数的增加，丹波村的收入大大增加了。

鲁班是怎样发明锯子的呢？同样也是通过自然带来的逻辑思维创新。

相传，有一次他进深山砍树木时，一不小心，手被一种野草的叶子划破了，他摘下叶片轻轻一摸，原来叶子两边长着锋利的齿，他的手就是被这些小齿划破的，他还看到在一棵野草上有只大蝗虫，两个大板牙上也排列着许多小齿，所以能很快地磨碎叶片。鲁班就从这两件事上得到了启发。他想，要是有这样齿状的工具，不是也能很快地锯断树木了吗?！于是，他经过多次试验，终于发明了锋利的锯子，大大提高了工效。

人们根据蛙眼的视觉原理，已研制成功一种电子蛙眼。这种电子蛙眼能像真的蛙眼那样，准确无误地识别出特定形状的物体。把电子蛙眼装入雷达系统后，雷达抗干扰能力大大提高。这种雷达系统能快速而准确地识别出特定形状的飞机、舰船和导弹等，特别是能够区别真假导弹，防止以假乱真。

电子蛙眼还广泛应用在机场及交通要道上。在机场，它能监视飞机的起飞与降落，若发现飞机将要发生碰撞，能及时发出警报。在交通要道，它能指挥车辆的行驶，防止车辆碰撞事故的发生。

根据蝙蝠超声定位器的原理，人们还仿制了盲人用的“探路仪”。这种探路仪内装一个超声波发射器，盲人带着它可以发现电杆、台阶、桥上的人等。如今，有类似作用的“超声眼镜”也已制成。

从以上事例可以看出，逻辑思维策略是个体在信息加工活动中，根据一定要求和情况而采用的一些解决问题的方法。它直接控制在何种时候应使用哪些知识技巧，以及怎样使用这些技巧。

特殊逻辑策略、一般逻辑策略和核心逻辑策略

逻辑思维策略按结构的不同可分为特殊策略、一般策略和核心策略。特殊策略是指在特定学科内使用的策略，如数学领域里的换元策略、数形变换策略等。这种策略与学科知识结合紧密，对特定学科的学习有直接的帮助。一般策略是指能在广泛情境范围内运用的策略。核心策略是指一般思维活动中最起作用的策略。美国宾夕法尼亚大学的乔纳森·巴伦（Jonathan Baron）提出了三种核心策略：

（1）联系性搜索策略，即用于发现当前问题与过去知识经验的联系；

（2）刺激分析策略，即用来分析刺激情境中各要素的特性及它们的相互关系；

（3）检查策略，即对自己的认知活动进行评价，以便修正不恰当的解题方法。

算法式逻辑策略和启发式逻辑策略

现代认知心理学按逻辑思维的搜索方式把思维策略分为算法式策略和启发式策略。

1. 算法式策略

该策略是一种按逻辑解决问题的策略，即要求遵从一套清楚的、固定的且能保证解决问题的步骤。例如，假定一个问题是 26×12，你可能会用下面的算法：

（1）最右边的数字相乘（6×2）得到它们的乘积；

（2）在个位纵列写下个位上的数字（2），进位写下十位上的数字（1）；

（3）用第二个数最右边的那个数乘第一个数的最左边的那个数（2×2）；

（4）用乘积结果加上进位数字（1）；

（5）以此类推。

使用这种策略的时候，如果解存在，正确地遵循步骤，就一定能够找到解，而且能找到所有的解，选出最佳的解。但是该策略经常是以效率为代价的，即要对所有的可能都进行尝试，太费时，而且有时候不现实。例如，假设你想查找一个朋友现在住的地方，你知道他原来住的地方，以及一些关于他可能居住的地方的类型。你可能用这样一个算法来解决此问题：仔细搜索世界上他可能待的每一个地方。

2. 启发式策略

它是一种单凭经验来做的、不正式的、直觉的并且经常是推测的策略，它可能解决一个问题，但并不能保证做得很好。例如，上面例子中寻找你的朋友的一个启发式可以是，从问他原来居住地的一些朋友开始。你不能确保找到他，但是这个计划要比找遍世界的每一个角落更实际。启发式提高了效率，但是你不一定能找到正确的解答办法，即如果你受到已有经验的误导，走了错误的途径，往往会导致解决问题的失败。

心理学家发现某种启发式趋向于对不同问题的一再使用。当人们没有特殊领域的策略可以运用，或者当人们未能有效地运用特殊领域的策略时，他们更倾向于依赖这些一般领域的策略。这些最普通的常用的启发式策略，能够在问题解决中作为一般的手段来帮助我们。常用的启发式策略有以下几种。

（1）手段、目标分析法。该方法是解决明确限定性问题的核心策略，它要求问题解决者通过观察目标来分析问题，发现问题解决的当前状态与目标状态之间的差别，然后尽量缩小当前状态和目标状态的距离。比如为完成一篇复杂的学期论文，把问题分解成一些更小的问题或是次级目标，然后依次完成各个次级目标，这时，我们就是使用了手段、目标分析法。

（2）顺推法。该方法类同于“倒树状”的搜索策略和“爬山”策略。问题解决者以对当前状态的分析作为开始，并尽力从开始到最后解决问题。在这个过程中，会出现许多决策点，必须连续成功地做出正确的决策，沿着正确的途径前进，才能获得成功。在自己开始之前，列出需要完成的所有步骤的清单，这时使用的就是顺推法。

（3）倒推法。问题解决者从问题的最后开始，或者是从目的开始，并尽量从那里倒着推回来。这种方法适合于那些从起始状态出发可以有多种走法，但只有一条路能够达到目标状态的问题，如几何问题。

（4）产生和检测法。该方法也叫试误法。问题解决者简单地产生行动选择路线，不必用一种系统的方式，然后思考每一种行动路线是否有效。比如，用这种启发式的人，在自己确定需要作研究之前，可以坐下来商讨和写出论文的简介。尽管这种启发式通常被认为效率不高，但在一个完全新的环境中，有时用它来收集信息是很好的。

逻辑思维是一种发散思维导向，它可以通过大脑对外物的认知而得出逻辑思维规律和创新。使得在看似毫无可能性的事物基础上获得意想不到的解决方法。

2. 宏观看全局，微观顾细节

逻辑思维带动事物宏观、微观角度的思考，宏观和微观首先是一个哲学概念，宏观指的是在时空上的总过程、总形式、总现象。微观指的是在时空上的个别过程、个别形式、个别现象。

人们通常把从大的方面、整体方面去研究、把握的科学，叫作宏观科学，这种研究方法，叫作宏观方法。通常把从小的方面、局部方面去研究、把握的科学，叫作微观科学，这种研究方法，叫作微观方法。

宏观，顾名思义就是大的广阔的层面；微观，顾名思义就是小的层面。站在高处观看事物，就会有宏观的思想；站在低处观看事物，就会有微观的思想。

宏观，就是研究整体情况，研究整个森林；微观，就是研究个体情况，研究一棵树木。

宏观可以认识真相，宏观可以全面认识问题，找出问题关键；微观可以深入问题，从微观入手可以解决问题。

从整体上研究经济发展规律的科学，称为宏观经济学；从局部的深层次上研究某种经济现象的科学，称为微观经济学。

宏观角度是对问题进行全面的、整体的分析；微观角度是对问题的各个具体组成部分分别分析。宏观是整个经济社会的行为分析，属于总量分析；微观是个体经济主体的行为分析，属于个量分析。

每一项工作都是战略分解的具体化，每一个战略与国家及企业发展的形势或趋势是密不可分的。有些人对本职工作厌倦了，或者是职业疲劳了，原因就在于对大势的把握、信息的闭塞，以及公司在思维引导上出现了问题。讲大势，说趋势，有的人认为这是空话连篇，或者缺乏可操作性，其实不然。国家是有宏图的，企业是有愿景的，人也是有理想的，这些为未来而谋、为明天所思的理性追求，需要一个大环境才能够支撑起来。

宏观就是未来的大环境，这种环境的到来，不是等来的，也不是水到渠成的，新的环境需要今天的人创造出来。时势造英雄的时势是人为的时势，也是创造者通过今天的劳动创造出未来的发展空间。因此，明白了今天所做的一切都是未来的梦，都是明天发展的机遇，要关心国际、国内以及企业发展的大趋势，便可以从宏观的视角看到今天的工作。

微观握时。在认识宏观趋势的基础上，关键要把握住今天这个时辰。我的未来不是梦，就是要求一个人不可以空想未来，必须立即行动，通过自身的创造将未来的梦夯实、抓住。微观握时就是在具体的工作上创造自己，不要飞跃与跨越，必须“1+1”地提升自我，脚踏实地地完善自身的能力。当一个管理者不因业绩的急速提升而忘乎所以，当一个员工不为今天的成绩沾沾自喜，才有可能慎度今日，乐于学习，自甘寂寞，锤炼苦功；才有可能循序渐进，完善自我，把握时机，成就未来。

要善于透过现象看到实质，从微观的具体和局部把握宏观的整体和全局，然后通过客观辩证的分析判断，揭示事物的本质属性和内在联系。见识既包括原则也包括思想修养，既包括素质能力也包括思维方式，体现为正确分析形势、正确看待自己、正确看待组织、正确处理主观与客观、理论与实际，以及个人与组织、下级与上级、眼前利益与长远利益等各种关系的意识和能力，克服主观与客观相分离、理论与实践相脱节的弊端。

见识大致属于世界观、人生观、价值观的范畴，与马克思主义的认识论和方法论密切相关。一个人如果没有见识，学识再多、本事再大，也往往会由于自以为是、刚愎自用而陷入个人主义的泥潭，孤芳自赏、怨天尤人而难以自拔，最终难成大器。一个人的见识，虽有源于天资的成分，但更多地来自后天的修养和积累，来自“读万卷书”与“行万里路”的有机结合，来自理论知识与实践经验的融会贯通。

因此，我们要善于从个人自身的工作阅历中思考感悟，从实践创造中总结提炼，不断强化自我修养、砥砺意志品质、提升道德情操、积聚人格力量，不断提高认识问题、分析问题、解决问题，驾驭主观和客观环境的能力，驾驭宏观与微观的思维导向。

宏观思维者喜欢思考大事，喜欢从全局角度看问题，喜欢建构理论体系，他们高屋建瓴，视野开阔，雄心勃勃，是做领袖和管理者的材料。

微观思维者关注细节，喜欢从一点出发逐渐向更高更远处拓展，他们更务实，更倾向于行动，谨小慎微，心思缜密，是做参谋和专家的材料。

以建房子为例，宏观思维者必先画好图纸，好好设计、规范一番。哪里盖住宅、哪里建酒店、哪里修公路，甚至想到要在某个地方建一个直升机机场！但资金是否到位，技术是否可靠，手续是否齐全，时间是否足够这类细节问题往往不多作考虑。

而微观思维者则首先要看看地形位置，想想手上有多少钱，自己能调动多少人力、物力，条件是否都已齐备，然后才考虑建一个什么样的房子。也许先建一间卧室，然后想想又建了一个客厅，再想想又建了厨房与卫生间，接着觉得还需要一个商店，一直到建成一片住宅区。他们不喜欢想那些不切实际的问题，喜欢边想边做，走一步看一步，稳打稳扎，步步为营。

宏观思维者有可能在别人的配合下干成惊天动地的大事，也可能虎头蛇尾，功亏一篑，最后盖出一片烂尾楼；微观思维者可能独立做出许多件精致完整的小事，加在一起也能形成一定规模，但缺乏整体构思和远见卓识，思维往往会卡在一个小小的细节上，跳不出来，带有明显的局限性和随意性。

你的思维习惯是偏于宏观还是偏于微观？我们大多数人其实都介于这两者之间，只不过偏向某一边罢了。如果要我选择，我更倾向于微观思维。为什么？因为这个时代是一个碎片化的时代，这个世界有太多的不确定性，很多事情在没有发生之前都是模糊不清、混沌一片的。等你还没有把雄伟计划制订出来，一切都已经变了，正所谓“计划赶不上变化快”。所以，我们见到了太多的豪言壮语，太多的“烂尾楼”工程，太多的大而无当的东西。还不如像微观思维者一样，立足当下，顺应时事，因势利导，创新求变。

但微观思维者应该具备宏观思维的眼光，头脑里应该有一幅远景图，虽然不一定要有详细的计划，但必须有一个总体的方向。不能只埋头拉车，不抬头看路。如果大方向错了，那么细节做得再完美也是白费。同理之下，当你在细节方面做得不足，总体方向再明确，也是徒劳。

3. 用枚举分析法降低遗漏和重复概率

枚举分析法是通过逻辑思维产生的一种将问题剖析、归纳的方法。将所有可能的答案列举出来，然后再代入原问题中去验证是否正确，如果正确就保留，不正确就丢掉。枚举法是一种直接解决问题的方法，优点是解决思路清晰，思维程序简洁。

枚举分析法简单地理解，就是将事物进行归纳推理，并从归纳推理中获得事物的层次和解决顺序，从而降低问题的遗漏和重复概率。枚举分析法有助于提高解决问题的效率和质量。

归纳推理是一个思维逻辑很强的推理，是生活、工作中非常重要的一种技能。归纳法更是应用到生活中成为我们对于初等逻辑的认识。逻辑学中的归纳推理在法律、医学、哲学中都可以应用，是一个涉及多门学科的重要逻辑思维。

在这里，我们主要讨论归纳推理的定义、分类、性质和在生活中的应用，着重讨论多种归纳方法之间的不同和相同之处，对比他们之间的特点和作用，通过比较，更加深刻地了解归纳方法的思路，讨论如何利用归纳推理的逻辑思维来解决生活中出现的问题。

归纳推理的定义

归纳推理是由个别事物或现象推出该类事物或现象的普遍规律的推理。它是一种非论证的推理。归纳推理可以根据其前提是否涉及了一类事物中的全部对象，分为完全归纳推理和不完全归纳推理两大类。

比如一个数学问题：直角三角形内角和是 180 度；锐角三角形内角和是 180 度；钝角三角形内角和是 180 度；直角三角形、锐角三角形和钝角三角形是全部的三角形；所以，一切三角形内角和都是 180 度。

这个例子从直角三角形、锐角三角形和钝角三角形内角和都是 180 度，这些个别性知识，推出了“一切三角形内角和都是 180 度”这样的一般性结论，就属于归纳推理。

1. 不完全归纳推理定义

不完全归纳推理，就是根据某类事物中部分对象具有或不具有的某一属性，推出该类全部对象具有或不具有该属性的结论的归纳推理。

2. 完全归纳推理的定义

在研究某类事物的一切特殊情况或每一个子类的情况后所得到的共同属性的基础上，做出关于该事物的一般性结论的推理方法，称为完全归纳推理（又称完全归纳法）。

（1）传统逻辑的不完全归纳推理，包括简单枚举归纳推理和科学归纳推理两种。

（2）完全归纳法一般有两种相似的推理形式。

简单枚举归纳推理

1. 简单枚举归纳推理的定义

简单枚举归纳推理是以经验的认识为主要依据，从某种的多次重复而又未发现反例，来推出一般性的结论。

简单枚举归纳推理又称为简单枚举法。

2. 简单枚举法的特征及其作用

简单枚举法的结论所断定的范围超出了前提所断定的范围，前提与结论之间的联系是或然的，并且，其结论的推出依赖于没有遇到反例，而没有遇到反例并不等于反例不存在，一旦发现反例，结论立刻被推翻，因此，它具有猜测的性质。

尽管简单枚举法的结论是或然的，但它仍然有不可忽视的认识作用。第一，在日常工作和生活中，它是初步概括生活和实践经验的重要手段。在工作和生活中，人们对一些重复出现的情况，在没有遇到反例的情形下，往往用简单枚举法进行概括，探求客观事物的规律，以指导自己的行动。如，“燕子低飞要下雨”，就是用简单枚举法概括出来的。产品质量的抽样检验，工作情况的检查和总结，往往应用简单枚举法。第二，在科学研究中，简单枚举法是初步发现客观规律以及提出关于这些规律的假说的重要手段。如数学史上著名的哥德巴赫猜想，即每个不小于 4 的偶数都是两个素数之和，就是应用简单枚举法提出来的。

3. 提高简单枚举法结论的可靠性应该注意的问题

一类事物中被考察的对象越多，结论的可靠性就越大。

一类事物中被考察的对象范围越广，结论的可靠性就越大。

如果只是根据少量粗略的事实，就推出一般性的结论，就会犯“轻率概括”或“以偏概全”的逻辑错误。

按照一般的观点，归纳推理指的是以个别知识作为前提推出一般性知识作为结论的推理。前提是一些关于个别事物或现象的判断，而结论是关于该事物或现象的普遍性判断。除完全归纳推理外，归纳推理结论的断定范围超出了前提的断定范围，结论与前提间只具有或然性的联系，即前提真，结论未必真。除完全归纳推理外的归纳推理都是或然性的推理。

归纳推理是逻辑学中非常重要的组成部分，是逻辑思维突出的重要显现。在初、高中数学教学中，初等逻辑归纳法的渗透，可以更好地帮助学生解决一般问题，学会逻辑思维的模式。归纳推理是归纳逻辑中的一个分支，是一种或然性推理，它在社会实践中应用广泛，是人们探求新知识的重要工具，在人们的思维活动中占有十分重要的地位。

4. 跳出常规思维的禁锢

人与人的不同在于头脑。如果说，性格决定命运，心态决定行动，思想决定行为结果的话，那么不同人的思维方式决定了其价值走向、是否成功以及快乐的程度。

一个老太太有两个女儿，她两个女儿一个是卖伞的，一个是卖扇子的，于是，她天天为两个女儿发愁。夏季下雨天，她就担心卖扇子的女儿生意不好，天晴天热时，她又担心卖伞的女儿生意不好。有人看到了就开导她说："下雨天就想卖伞的女儿生意会好，你就快乐了。天晴天热时你想卖扇子的女儿生意会好，你也会快乐。"老太太一下明白了自己烦恼不断的原因。这个故事就说明，身为平凡人，生活中每个人可能会遇到各种各样的烦恼、忧虑和压力。烦恼有两种，一种是有害的烦恼，一种是有益的烦恼。同一个人，面对同样的问题，换个角度看问题，就会豁然开朗，烦恼顿消。

烦恼其实是思考问题的一种方式与结果。思维方式有正负之分，与人的心理活动有关。那么，如何排解这些负面心理呢？美国心理学家霍威尔曾提出了减少烦恼的有关建议。

首先要停止一切负面的想法，学会以正面、积极的态度同自己对话。人的真正快乐来自人的内心，以积极的心态去面对负面的事物，并为自己加油打气。当个人出现负面情绪时，用适合自己的方法有效地调整情绪，如改变肢体动作、表情、呼吸，尝试去做充满活力、让人兴奋的运动（跑步、跳舞、游泳、登山），从而达到转移负面情绪的目的。

其次是改变思维方法，改变与自己的对话方式，可以改变自身的感觉。即换个思维方式可以排解烦恼和压力，就如例子中的老太太面对不同天气看待伞与扇子的辩证关系，快乐就会随之而来。

在日常生活中，人人都会面对各种困惑和人生转折，学会变换角度思考问题，选择积极的角色进入生活，这样的人更容易成为成功者。从认知上改变思考问题的角度，塑造阳光心态，多看事物阳光的一面，使你的内心不再与很多外在事物形成对立。有时候我们埋怨环境不好，除了受客观因素限制外，常常是我们自己看问题不够全面；埋怨别人太狭隘，常常是我们自己不够豁达；埋怨天气太恶劣，常常是我们抵抗力太弱。人不能要求环境来适应自己，只能让自己去适应环境，先适应环境，才能改变环境。

当面对一个不尽如人意的环境时，要从改变自己做起，才能适应环境，进而使环境朝着尽如人意的方向转变。这样通过对自我的审视与反思，找到前进的方向、前进的力量，使事物向着对自己有利的一面转变。

换个角度思考问题，可以理解事物的发生总有它的道理和原因，不能完全肯定或否定它，而要学会适度表达和处理。思想支配行动，认知上改变了，生活态度就会改变，处理同一件事，用不同的态度所得到的结果就会不同。智慧地化解生活中的烦恼，你的人生才会随时充满快乐。

再次，运用多向思维方式化解烦恼。人要生存、进步，唯有创新，创新的前提是让自己有洞察力，凡事能举一反三，立体思维。

多向思维方式可以转化挫折、压力、烦恼、痛苦为快乐和动力，把消极情绪转化为积极情绪。多向思维方式还可以提高人的情商。情商在一个人事业成功中所占比例为80%，智商仅占20%。高情商者往往更容易受到人们的欢迎。这在于他对自己和他人的情绪能够做出准确的判断，以便在此基础上处理各种问题的时候见机行事，调整自己的言行，从而获得最佳效果。许多高情商的人之所以成功，就是因为他们懂得借烦恼提示对未来可能发生的意外事先防范。低情商者则容易单向思维，钻牛角尖，无法准确感知自己和他人的情绪，很容易陷入心灵的困境中不能自拔，在现实生活中处处碰壁。

人生在世，不论我们遇到什么困难，处于什么环境，都应该学会变通，而不要被初始的思维所束缚、所左右。如果我们能够挣脱固有思维的束缚，不断开创出新的处世方法，调整思路，换个位置、换个角度，走出固有思维的束缚，那么对于我们来说，天下就没有解决不了的问题，就没有办不到的事情。

话说在一次地震中，山洪暴发，一块巨石轰然滚落，正好堵在了山脚下的镇子街口。

小镇上的人们很不喜欢这块挡道的石头，合计着要把它搬走，可是十几名壮汉齐心协力，也动不了它。有一天，一位智者路过此地，人们争相向他求教搬走石头的方法，智者看着巨石，凝视不语，于是人们相继失望地散去。

但是第二天早上，有人发现巨石上出现了四个横写的大字：镇街之宝！那字笔力雄劲，气势非凡，加上巨石这个载体，更显得浑然一体，令人赏心悦目。渐渐地，人们再也没想去搬走这块巨石了，而是在旁边种上花草，至此，巨石反而成了街头一景，引来四方访客前来观赏。

所以，我们不能被固有思维所束缚，那样会阻碍我们的智慧的发展。其实，当我们不可避免地遇到意外的阻碍时，不妨明确：所谓麻烦，只有在你拒绝做出任何思路改变时，才会是真正的麻烦！如果我们能够跳出既有的思维模式，站在空灵高处，再来审视我们遭遇到的这个“意外”，很可能它就是我们梦寐以求的意外之福！

5. 站到对立面去思考问题

站在对立面思考问题，不但是生活中重要的理念，而且在各个行业、领域，都是极其重要的获取成功所必须具备的思想方式。

对立面思考即反向思维法。反向思维的艺术可以简单地说成是：突发奇想。换句话说，思维过程中不要成为肯定论者。

思维趋同，是一种自然的倾向。因此，如果你想形成一种习惯，使你的思维与表象持相反观点，就需要进行一番训练。

表象的思维——或者说与其他人相同的思维，通常容易导致错误的判断和错误的结果。

以上可以总结为一句俗语，当每个人的看法都相似时，那么，每个人都可能是错的。如果希望少做错误的猜测，应学会反向思维。

通过长期研究大众活动和群众心理，可以比较明确地说，如果一个人训练自己的思维与大众思维相逆，那么他犯错的可能性就小得多。换而言之，对于许多问题都可以说：群体意见常常是错的——至少，在判断事件的时间上是如此。

最终的分析说明，“群众”是“用心”去思考，然而，个体则是用“脑”去思考。这样说并不有损于任何人，因为，当我们任何一个人聚众时，都会倾向于失去平衡，也就是说，个体的人群聚时，就成了群体，从而失去了个体的特性。

所以，反向思维的艺术在于训练你的思维习惯，惯于以与一般大众观点相反的方式去思考。但是，在考虑结果时，又必须以现在流行的、合乎现在人们行为的方式去衡量。

也许有人认为，相反理论或者说相反思维艺术是一种具有讽刺性的态度。但是这种认识也许并不完全，其目的纯粹在于培养一种观察问题的习惯，对任何问题都看到它的正反两个方面，然后根据两个方面考虑所得到的比较正确的印象，作出决定，从而导出正确的结论。

1938 年，匈牙利人拜罗发明了圆珠笔。因为有漏油的毛病，这种笔风行了几年，便被人们弃用了。

1945 年，美国人雷诺兹发明了一种新型圆珠笔，也因为漏油的毛病，而未获得广泛应用。

为了解决圆珠笔的漏油问题，许多人都循着常规思路去思考，即从分析圆珠笔漏油的原因入手，来寻找解决办法。

漏油的原因其实很简单，笔珠写了 20000 多字之后，就会因自然磨损而蹦出，油墨也就随之流出。因此，人们首先想到的，就是增加笔珠的耐磨性能。于是，许多国家的圆珠笔商，为此投入大量经费进行研究，有的，甚至试用耐磨性能极好的不锈钢和宝石来做笔珠。

笔头耐磨性能问题总算得到了解决，但新的问题又出现了：由于笔芯头部内侧与笔珠接触的部分被磨损，又出现了漏油的问题。

正当人们对圆珠笔漏油的问题一筹莫展的时候，日本发明家中田藤山郎非常巧妙地解决了圆珠笔的漏油问题。他是这样思考的：既然圆珠笔是在写到20000字时开始漏油的，那么如果控制圆珠笔的油墨量，使其所装的油墨量只能写到20000字以内，譬如说，只能写到15000字左右，漏油的问题不就解决了吗？经过多次试验，他终于解决了圆珠笔的漏油问题。

日本发明学会会长丰泽丰雄先生因此赞叹说："这真是一个绝妙的反向思维方法。"

反向思维，是指从反面（对立面）提出问题和思索问题的思维过程，是以悖逆常规的思维方法，来解决问题的思维方式。

反向思维有两个鲜明的特点：

（1）突出的创新性。它以反传统、反常规、反定式的方式提出问题，思索问题，解决问题，所以它提出的问题和解决的问题令人耳目一新，具有很突出的新奇性。例如，美国阿拉斯加涅利钦自然保护区的工作人员为使鹿群健壮起来，不是恢复植被给鹿治病，而是把狼作为医生请到自然保护区。因为狼的到来，鹿群跑动得更勤快。

（2）反常的发明性。逆向思维是以反常的方式去思考发明创造的问题，所以，用常规方式无法做出的创造发明，用逆向思维就可以做出来。例如，通常用的煎鱼锅都是下热源，用常规思维无法做出上热源的煎鱼锅，而用逆向思维就很容易。

6. 用“逻辑树”分阶段地整理信息

逻辑树又称问题树、演绎树或分解树等。麦肯锡分析问题最常使用的工具就是“逻辑树”。逻辑树是将问题的所有子问题分层罗列，从最高层开始，并逐步向下扩展。

把一个已知问题当成树干，然后开始考虑这个问题和哪些相关问题或者子任务有关。每想到一点，就给这个问题（也就是树干）加一个“树枝”，并标明这个“树枝”代表什么问题。一个大的“树枝”上还可以有小的“树枝”，如此类推，找出问题的所有相关联项目。逻辑树主要是帮助你厘清自己的思路，不进行重复和无关的思考。

逻辑树能保证解决问题的过程的完整性；它能将工作细分为一些利于操作的部分；确定各部分的优先顺序；明确地把责任落实到个人。

人类在长期的实践中，通过成功的经验和失败的教训，对思维形式、规律和方法已经有了一些科学的总结，由于思维的复杂性，这种总结尽管还只是初步的，但它是人类社会极其宝贵的财富。继承下这份财富，就可以使自己的思维早日纳入科学的轨道，这会使我们的生活、工作和学习发生质的飞跃，进入一个更高的境界。

思维的基本形式

首先，我们应当了解什么是概念，概念是怎么形成的，概念的外延和内涵指的是什么，怎样区分相近的概念，怎样给概念下定义，概念和语言、符号的关系是什么，等等；还应当了解什么叫判断，判断的分类是什么，如何应用，等等；还应当了解什么叫推理，什么叫演绎推理、归纳推理和类比推理，不同类别的推理之间有什么异同，怎样使推理科学严密等。

思维的规律

所谓思维规律指的是思维的同一律、矛盾律和排中律等。此外还有辩证逻辑及辩证逻辑的思维规律，如对立统一思维规律、量变质变思维规律、否定之否定思维规律等。思维规律实质上是客观规律在人脑中的反映，应当自觉地掌握它。

思维的方法

主要指分析、综合、比较、抽象、概括、分类、系统化、具体化、归纳、演绎等基本思维方法。

应用正确的思维方法，对于知识的掌握和知识的运用，往往能起到很大的促进作用。因为思维方法指导着学习方法，学习方法是思维方法在学习中的具体表现。

思维形式、思维规律、思维方法，都不是什么神秘的东西，一个人只要在思考着，就离不开一定的思维形式、规律和方法，只是自己没有自觉地意识到而已。因此，学点思维科学是很有必要的。

思维的形式、规律和方法总是在具体的思维过程中体现出来的，因此，也只有在具体的思维活动中才能把握它，使它成为有血有肉的具体的东西，而不是几条抽象的规律或定义。

人们常说，概念是思维的细胞。如果不掌握概念，不掌握原理，那么，头脑中就会因为缺少思维所必需的原材料而使思维无法进行下去。例如学习物理时，如果不掌握原理、公式、解题的思维活动，就无法进行。试想一个没有掌握三角形全等判定公理知识的人，面对有关三角形全等的证明题，怎么能开展思维活动呢？不少学生思维能力低的原因就是基础知识太差。澳大利亚有一位科学家说得好："科学上成年人思维程度的发展只能达到青年时期所打基础能够支持的高度。"这里说的基础，当然包括基础知识在内。

但是也有这种情况，有的人知道的也不少，记忆力也不差，但运用知识解决问题的思维能力却很弱。造成这种情况的原因是头脑中贮存的知识质量太差。所谓太差，一是不理解，二是不系统。因此在进行思维活动时，就无法取用，这必然会影响到思维能力的提高。

当认识到一类事物的本质特性而形成概念时，用什么来确定和表示呢？用词语来表示。而用词语所表达的概念则是思维的细胞。词按照一定的方式组合起来并表示一定的意思，就成了句子，句子再进一步组成句群、段落和文章。人们就是依靠语言文字将获取的各类知识保存下来。而我们又是依靠语言文字把这些保存下来的知识继承下来的，从而使社会知识转化为个人知识。人与人之间交流思想、经验也要依靠语言和文字，并且经常借助它进行记忆、思维和想象，从而使智力活动成为可能。

语言直接影响到知识的贮存、流传和继承，关系到思想的交流和思维的进行。语言和思维密切相关。马克思和恩格斯在《德意志意识形态》中指出：“语言是思维的直接现实。”爱因斯坦说：“一个人的智力发展和他形成概念的方法，在很大程度上是取决于语言的。”上海复旦大学著名数学家苏步青在上海举行的语文教学研究会上讲话时说：“如果允许复旦大学单独招生的话，我的意见是第一堂先考语文，考后就判卷子。不合格的，以下功课就不要考了。语文你都不行，别的是学不通的。”这位著名数学家讲的话很有道理。

总之，要想积极发展思维能力，从思想上要认识到发展思维能力的重要性，从行动上要注意做到：把自己置身于问题之中，坚持独立思考，要学点思维科学，注意研究具体的思维过程，不断丰富知识，提高所掌握知识的质量，以及提高语言能力等。思想上有了认识就能提高行动的自觉性，行动跟上了，提高思维能力的愿望才有可能变成现实。

第十章
每天都要学点逻辑思维

逻辑与我们的日常生活相伴，逻辑思维对我们的人生影响巨大。我们时刻都要重视逻辑思维，天天都学点逻辑思维，我们的思维便会逐步变得活跃，做事有条理，越来越聪明，从而也能越来越轻松地实现我们的梦想。每天都学点逻辑思维，你将会变得睿智起来。

1. 缺乏逻辑联系的知识是无用碎片

具有逻辑思维可以说是人类与动物之间最重要的区别之一。一个人的知识，是通过长时间的学习和训练，一点一滴地累积起来的。而且在很多时候，我们要做好一件事情，往往需要用到各方面的知识，或者至少需要一个方面的大量知识，也就是一个知识面。而要形成知识面，就需要将一个个知识点按照正确的逻辑联系起来。否则，再多的知识都只是一个个没有用的碎片。

做任何事都离不开连贯的知识

在很多人眼中，知识就是从书本上学到的那些理论或者解题方法。实际上，现实中的知识的范围要远比书本知识宽泛得多。可以说，在这个世界上解决任何问题，不管是学术上的还是社会实践中的，都需要用到连贯而复杂的知识。比如，一个农民在翻地时就需要用到各种物理学的知识。哪怕这个农民没有上过学，他解决挖地问题所用到的物理原理和书本上并没有多大的区别。

首先，这个农民要确保自己锄头的封口比较薄而锋利，这样才能更好地让锄头插入土中。其次，农民在挥锄头的时候将锄头高高抬起，这样能够增加锄头的势能，然后将势能转化成动能，以便让锄头更好地插入土中。锄头插入土中之后，以锄头的根部为支点撬动土块，而不是完全直接用力将土块拉出；在握锄柄时，同样也是握尾部。这些都是省力的方法，也只有将这些方法联系起来，用到翻地这件事情上，才能真正将这件事情做好。少了其中的一项，都将会大大增加翻地的难度，甚至无法翻地。做任何事情都是如此，一件看起来很简单的事情，要真正做好，都需要用到很多知识，只有将这些知识点用逻辑的方式联系起来，才能将事情做好。如果事情最终失败了，那么这些知识点都将失去了价值。

可以毫不讳言地说，任何有目的的人类行为都离不开知识，而那些下意识的行为要么是没有目的的，要么会将事情搞砸。由此可见，一个人的连贯性行为，实际上都是一个个知识点通过逻辑联系起来进行推动的。如果一个人的知识只是一个个相互分离的知识点，他很可能就会成为一个反应迟钝、行为呆滞的人，如果是这样的话，那么这个人的知识甚至是思维都很难产生实际的价值。

从实践中获得正确的逻辑

一个人要想将自己的知识按照正确的逻辑联系起来，首先就需要建立起正常的逻辑思维，也就是说要有正常的思考和解决问题的方式。因为从广义的角度来看，将一个个知识点用符合现实需要的方式联系起来同样是在思考和解决问题。

首先要做的就是能够消化这些知识点，将它们变成我们的知识。所谓的消化，并不是能够记下来就行了，而是能够真正指导我们的行为，并真正对我们思考和解决问题带来帮助的。只有这样，我们才能真正了解这些知识点之间的内在联系以及它们之间的相互承接关系。就像我们平时所说的那样，要做好一件事情，只有知道先做什么，后做什么，才能真正将这些事情做好。否则，哪怕你每一个环节都知道怎么做，也无济于事，甚至可能将整件事情做得一团糟。在这种情况下，每个环节的知识实际上是没有现实价值的。

积极探索现实事物

正因为如此，我们要想学会将自己学到的一个个知识点按照正常的逻辑联系起来，就应该对现实事物积极地进行了解和探索。在实际操作过程中积极试验研究，才能在对知识点的联系上做到心中有数。就像一个庄稼能手，也许他们没有读过书，但是从先辈那里学来的经验，以及在现实中对各种农活的摸索，使他们也能运用各种正确的知识，并将这些知识合理地联系起来，将自己的田地整理得井井有条。如果脱离了实践，那么我们也很难通过自己将学到的知识点联系起来，即使联系起来了，也很可能是缺乏逻辑的，因为逻辑的正确与否，需要通过实践来检验。

解决实际问题才有价值

对很多人来说，他们的知识之所以能实现连接，形成系统，就是因为他们在现实中遇到了相关的问题，正是在解决这些问题的过程中，他们才有机会将与做好这件事情有关的知识点，以更好地做好这件事情的原则为依据，将它们联系起来。而这种依据或者说原则，实际上也是产生正确逻辑的基础。

所以说，我们不管是学习书本知识，还是在实践中学习，只有积极地将学到的各个知识点联系起来，我们的书本知识才能形成体系，才能做出比较复杂和综合的题目，我们的社会知识也才能真正成为具有实用性、能够解决实际问题的本领。如果只是被动地接受一个个知识点，而不懂得将这些知识点用正确的逻辑联系起来，那么就算知识再多也起不到实际作用。就像我们常见的一些读死书的书呆子一样，读了一辈子的书，只能用来做题，满腹经纶，放到社会却百无一用。

2. 玩游戏是一种让人变聪明的训练

《华尔街日报》在报道上称“游戏有利于你”而受到了广泛关注。因为长时间玩游戏不仅能改变成人的头脑，还能提高人的工作能力、决策能力，甚至是创造性。

根据研究资料表明，玩动作游戏的人比不玩游戏的人决策速度快25%。而另一项研究资料称，经常玩游戏的玩家1秒最多能做6次决定并执行。这一速度比普通人快4倍。同时，据罗切斯特大学的研究，熟悉游戏的玩家可以同时完成6件以上的事情，比普通人的4件要多。而且，由于上述的研究均和电玩及电脑游戏开发企业无关，有较高的可信度。

另一方面，根据美国密歇根州地区在3年内针对20所中学的491名学生进行的研究结果显示，不分人种和性别、游戏的种类，创意力的评分会随着玩游戏时间而变长。

专家在《美国国家科学院院刊》（PNAS）上发表了最新研究结果：玩《使命召唤》和《虚幻竞技场2004》这些动作类游戏的玩家，其学习能力强于玩非动作类游戏的玩家。

比如在COD中，玩家们需要在各种复杂的地形和迷宫中发现敌人并将其击毙，这使得玩家们在复杂的画面中搜索细节的能力得到锻炼，大脑处理、旋转、分辨图像的能力增强。专家发现，这种提高现象能够持续超过6个月的时间，并有可能对认路、研究化学反应和建筑设计等产生帮助。

英国牛津大学互联网研究所的安德鲁·斐比斯基也对电脑游戏做了大量的研究。他发现，游戏除了能开发大脑，还能够提高社会适应能力。他通过一份采访了英国5000名青少年的调研数据，对受访青少年的心理和社会适应能力进行了评价。这些评价的因素包括了对自己生活的满意程度，与同龄人相处如何，对有困难的人是否会伸出援手，是否有注意力不足、多动的症状。

分析结果表明，比起其他群体（比如那些从来不玩电子游戏的人），每天玩不到一个小时电子游戏的人对生活的满意度更高，社会交往的能力更强。同时，这些青少年的心理问题较少，注意力不集中或多动的症状也较少。

在很多人看来，玩游戏就是不务正业，但实际上他们的想法是错误的，适量地玩游戏可以让你的生活更美好。尽管有人把游戏与暴力联想到一起，但很多的学术研究表明，玩游戏有很多心理和生理方面的好处，如果把这些帮助综合在一起的话，就意味着适量地玩游戏可以让你的生活更美好。

游戏就像是大脑的兴奋剂

为了更好地理解游戏对于大脑的影响，德国研究者们进行了调查，他们对 23 名平均年龄 25 岁的成年人进行了调研，让他们在两个月期间每天玩 30 分钟的《Super Mario 64》游戏，而另一组则完全不玩游戏。通过 MRI 机器对这两组人群的检测来看，他们发现玩游戏的人群在海马体、前额皮质以及小脑等方面的能力有所提升（以上三部分分别负责人类的空间导航、记忆存储、策略规划以及动手能力）。

调研主管 Simone Kuhn 说："虽然此前的调研显示，游戏玩家的大脑结构不同，但目前的调查可以直接发现玩游戏和大脑体积增加之间有直接的关系。也就是说，大脑中的特定区域可以通过游戏的方式进行训练。"

Kuhn 和她的同事们之所以进行这项调研，是为了治愈患有精神错乱的病人，这些病种包括精神分裂、创伤后精神失调和阿兹海默症（即老年痴呆）。

策略游戏可以让你变得更聪明

英国调研者发现，特殊的游戏可以增加玩家们的大脑灵活性，尤其是策略游戏，而科学家们把大脑灵活性称为人类智力的基础。

该调研在伦敦大学玛丽女王学院和伦敦大学进行，对72名志愿者玩《星际争霸》或者《模拟人生》前后进行了心理学测试，这些志愿者在6～8周的时间里玩游戏累计时间达40个小时。该调查发现，玩《星际争霸》的测试者们在心理学测试方面的表现明显得到提高，在完成灵活性认知任务方面的速度和精确性更好。

调研者 Brian Glass 说："我们现在需要了解的是，为什么这些游戏可以带来如此的变化，而且要了解这些增益到底是永久性的还是短暂的。一旦我们了解之后，玩游戏就可以成为治疗多动症或者创伤性脑损伤等疾病的临床医疗措施。"

玩游戏可以提高阅读能力

有人说玩游戏对于孩子们的大脑发育不利，但帕多瓦大学的调研结论却是相反的。去年，意大利调研者们发现，玩快节奏的游戏可以提高阅读困难症儿童的阅读技巧。

该调研团队把7～13岁的孩子们分成了2组，让其中一组玩一款叫作《Rayman Raving Rabids》的游戏，而另一组孩子们玩低速度的游戏。在随后的阅读能力测试中，玩动作游戏的孩子们的阅读能力的表现更好而且更精确。该调研的作者表示，动作游戏可以提高孩子们的注意力集中度，而这个能力对于阅读技巧是非常重要的。

3. 口头表达是提高逻辑能力的最好训练

口头表达训练是逻辑思维的一个重要环节，通过语言能力训练大脑逻辑思维，是日常生活与交际的需要，又能促进读写能力的提高与思维的发展。

叶圣陶先生说："儿童时期如果不进行说话训练，真是遗弃了一个最宝贵的钥匙，若讲弊病，充其量将使学校里种种的教科书与教师的教育全然无效，终生不会有完整的思想和浓厚的感情。"可见，我们不仅要进行说话训练，还要进一步加强训练，这才能提高逻辑素质，使我们掌握沟通思想的快捷工具。然而，如何在加强说话训练的过程中促进思维能力的发展呢？我认为，在语言表达过程中要抓住说话训练点，以说话入手，逐步培养逻辑思维能力的发展。

语言与思维有着密不可分的联系。所以，说话训练一定要将发展语言与发展思维结合起来。一般来说，一个人的思维是否敏捷，直接制约着他的语言表达的灵活程度；思维条理是否清楚，又直接影响他的语言表达的层次性；思维深刻与否，又导致其语言表达能力是否具有深刻性。为此，进行说话训练，必须注重思维能力的培养。

语言表达能力是逻辑思维的重要体现，因为，说话、表达是很需要动脑筋的，它需要表达者条理清晰，用词准确，最好能说得生动、形象，吸引人的注意力。我们应从一开始就有意识地对自己加强语言训练，提高思维的逻辑性、灵活性和准确性，同时，也为今后的写作做好铺垫。

但要想真正做到通过语言的训练，促进逻辑思维能力的提高，就要设法让自己有目的地“多说”。怎样做到多说呢？我们可以从以下几方面加以训练：

（1）多听故事练说话

富有生活情趣的故事，不仅情节生动，思想内涵丰富，而且语言精练，通俗易懂。这些都可以做练习模仿说话的范本。我们可以反复多次地听听这些故事，并把这些故事复述出来。如果说话缺乏逻辑条理性，就很难把故事完整地复述出来，我们必须把复述的内容理出一条清晰的线索，沿着这条线索，抓住故事的主要内容进行复述。长期坚持这样的训练，有助于提高倾听的能力、记忆的能力和口语表达的能力。

（2）指导看图练说话

有的人心维发展水平较低，抽象思维较差。看图说话是培养思维能力最主要的途径，有助于培养观察能力、思维能力和语言表达能力。怎么去观察图画呢？可以看一看这幅画的主要人物有谁？表达了什么意思？它给你最深的印象是什么？然后尝试着用“什么时间，谁，在什么地方，干什么”这样的表达形式把看到的连起来说一说。这些练习循序渐进，由浅入深地进行下去，我们会看到自己的表达能力有明显的提升。

（3）在活动中练说话

我们平时阅读量很少，说话材料大部分借助活动、观察而获得。因此，我们要尽量走出家门，去参加丰富多彩的活动，观察奇妙的自然现象。这样眼界就会越来越宽。眼界越宽，思维就越活跃。打开了思路，说话就会轻松而流畅，就会越说越精彩。

（4）借助电视练说话

很多人喜欢看电视，现在的电视节目太多了，我们要帮自己进行节目筛选。比如一些好的科普节目，一些新闻节目，还有反映我们生活的小短剧等，都可以看。这些节目可以开阔视野，增长见识，拓宽思维。这样，我们的头脑里就会储备和积累许多信息和知识，在表达自己感受的时候，就有话可说了。

逻辑思维，作为语言活动的核心，总是和言语的相互依存密不可分。言语一旦脱离思维，就会僵蜕成无意义的声音和符号。人们一般不能脱离思维进行思考，当然也不能脱离思维进行语言活动。

口头表达是手段，提高逻辑思维能力是目的。语言既是知识的载体，又是思维的工具，是学习的重要组成部分。语言的理解和熟练使用是取得成绩所必要的。事实上，我们在生活中遇到的很多困难都是由于不能理解语言的意思或不能正确地使用语言而引起的。因此，语言表达训练是提高逻辑思维能力，学好用好语言的有效措施。所以培养使用语言的能力，其实质是提高我们分析与解决问题的能力。

逻辑思维是人所具有的特殊的认识活动，即敏锐而正确地吸收、储存、整理、动用瞬息万变的信息，从而对客观事物有所发现或有所突破的一种思维能力。逻辑思维是人类思维的高级过程，在人类认识和改造世界的实践中，发明、创造、革新等实践活动无不始终贯穿着人的逻辑思维。因此，要进一步提高说话能力，必须努力培养逻辑思维。

人类的说话活动是通过发音器官迅速地将自己内部的思维语言转换为外部有声交际语言，从而向外传递自己的语言信息的复杂的生理和心理活动过程。因此，说话训练和逻辑思维，实质上是互为表里、相辅相成、相互促进、共同提高的关系。逻辑思维得到培养，我们的说话能力也得到相应的提高。

（1）训练思维的清晰性

说话，要有条有理，积词成句，积句成段，积段成篇。任何讲话，都要一句句、一段段，有步骤地说出来。叶圣陶先生谆谆告诫人们："想清楚然后说"，"谁都可以问一问自己，平时说话是不是是非曲直想清楚然后说的？要是回答说不，那么就说不好。"

想不清楚必然会说得糊涂。"自说自话"就是在学习"说"，训练自己把问题的层次、重点等，一步一步地想清楚、想透彻，使思维变得清晰。

（2）训练思维的灵敏性

把想到的内容用言语说出来，即由内部语言转为外部语言，这里有一个遣词造句的语言运用的功夫。这即要有对词汇、句式等语言的熟练使用的能力，又要有灵敏的思维，能根据表达的需要，迅速准确地驾驭语言。“自说自话”，是通过多次练习，训练思维的灵敏性。思维灵敏了，口头表达能力自然提高了。

（3）训练思维的适应性

说话，要有听众。听众会有不同反应。很多演讲者怯场，是缺乏在大庭广众之下说话的适应能力，缺乏面对许多人讲话的临场经验。“自说自话”训练法中，常把室内的各种摆设或自然界的草木山水等设想为听众。经过多次模拟练习，适应听众、临场不慌的能力就逐步增强了，使自己在各种场合都能镇定自若地思维，自然而然地说话。

语言是思维的外壳，而思维的发展又能促进语言能力的提高。因此，要重视语言表达能力的培养，通过“说话”训练，帮助自己清除语言障碍，厘清解题思路，从而达到训练思维的目的。但是，要真正做到通过语言的训练促进思维能力的提高，不但要有目的地“多说”，而且更需坚持不懈。

4. 辩论是促使人变聪明的活动

辩论最能展示逻辑思维的技巧运用。辩论双方的口才的较量，智慧的较量，心理素质的较量，更多的是语言表达艺术的较量。要辩得精彩，说服对方，必须灵活地运用说话的各种艺术。辩论主要依靠的手段便是语言，便是说话的艺术，无论你有多严密的逻辑，多有力的证据，多精巧的构思，嘴上说不出来，便只能缴械认输。

辩论是在双方的争论和辩驳中进行的，不可能像演说那样自由畅谈。因此，作为辩论者，就必须控制好自我，力求争取主动，抢得先机，并在辩论过程中发现和抓住对方的破绽和要害，进行反击，以其之矛，攻其之盾，穷追猛打，不给对方以喘息的机会，直到最终胜利。

第一，要先下手，掌握主动。

如果辩论刚开始在心理上能比对方站在更优越的位置，自然可以影响到后来的谈话。因此，能够比对方先行一步，就达到了先发制人的效果。

辩论不是简单的舌战，更不是街头泼妇骂架，而是进攻与防守的综合运用。顾头不顾尾的蛮攻和忍气吞声的呆攻都会造成“灭顶之灾”。孙子曰：“故备前则后寡，备后则前寡，备左则右寡，备右则左寡，无所不备，则无所不寡。”在辩论时，为了辨明是非，最经常也是最奏效的战略就是主动出击，因为只有在进攻、进攻、再进攻中才能始终把握主动权。

正面攻击

与对方短兵相接，面对面地直接驳斥对方的论点，尤其是中心论点，指出对方论点的错误和明显违背事实和常理的地方，使其主张不能成立，是辩论制胜的法宝。这就是所谓的正面进攻。这是大规模的正规军决战常用的手法，最常用，也最难以掌握。

侧面进攻

侧面进攻指不与对方进行正面交锋，或是因对方论点看似十分坚强，难以找到漏洞，而从侧面驳斥对方的论据，或提出对方论据逻辑的毛病，加以迎头痛击，彻底打垮对方。

包围进攻

包围进攻是指当对方分论点很杂时，可以分割包围对方核心论点周围的分论点及论据，逐一进行驳斥，最后推翻对方的核心论点。既然对方分论点不能成立，其核心论点自然不成立。

迂回进攻

迂回进攻是指不与对方近距离接触，而先远距离地进攻，如从挑剔对方的论辩态度不妥或论辩风度有失，开始发难，进而抓住对方的论辩企图，深入进行驳斥。用这种方法，往往使对手措手不及，难以应答。

在辩论中，只有以正确的进攻方式攻击对方，在攻击过程中发现对方的破绽，抢先下手，掌握辩论中的主动权，进而穷追猛打，方可一举取胜。

第二，抓住要害，穷追猛打。

辩论，很大程度上靠即兴的临场发挥，而人的语言不可能总是组织得很严密，总有一些漏洞，只要能够抓住对方的弱点，全力击之，就能逼其就范。

如对方立论不周全、解析不尽合理、表达欠妥等，都可带来可乘之机。

（1）集中力量攻击对方某一薄弱环节。在辩论中，对方必有弱点。在进攻时，集中火力攻击对方，打开突破口，一鼓作气，最终必定胜利。

（2）利用对方表达的漏洞。在辩论中抓住对方表达上的漏洞，及时指出，也会收到立竿见影之效。

（3）利用对方隐藏的弱点。这类弱点需要处处留心，及时抓住。

（4）利用对方逻辑上的弱点，导出两个相互矛盾的结论，这样，对方论点就会不攻自破。

（5）利用对方立论上的弱点。一般来说，这样的弱点不是很明显，但一旦抓住，进行攻击，那么它的攻击就是致命的。如在“人性本善”辩论中，找出立论的缺点，“善花是如何结出恶果”，并进行连续攻击，效果就非常明显了。

打击对方的不备之处，摧毁力是很大的。俗话说：“智者千虑，必有一失。”即使对方考虑周全，也有疏漏之处，关键在于是否有敏锐的洞察力去发现并抓住这种疏漏，然后进行反击。

在辩论的进攻中，因准备不足而出现漏洞，就等于把把柄送给对方，对方当然会毫不留情地进行反击，所以，抓住要害常常是辩论取胜的关键。

第三，利用矛盾，逼敌就范。

利用矛盾，是论辩中常用的技法，这种方法就是在论辩中，通过分析对方的论辩，抓住其中自相矛盾的地方加以揭露，“以子之矛，攻子之盾”，从揭露对方论辩的荒谬，使其目的不能得逞。

矛盾战术有两种类型：顺推术和模拟术。

（1）顺推术

顺推是按敌论的逻辑推论出一个谬论的结果，回敬对方，从而使对方陷于被动地位。

有个病人走进医院，对护士说："请把我安排在三等病房，因为我很穷。"护士问："没有人能够帮助你吗？"病人回答："没有，我只有一个姐姐，她是修女，也很穷。"护士说："修女富得很，因为她和上帝结婚。"

病人听了护士的讽刺，十分生气，回敬道："好，那就麻烦你安排我在一等病房吧，以后把账单寄给我姐夫就行了。"

病人回敬护士，是顺着护士的话进行推论和回敬，这种推论真是妙不可言，妙就妙在"以子之矛，攻子之盾"，使对方没有任何招架的余地。

（2）模拟术

模拟术是模拟论敌的荒谬逻辑，反击对方的方法。

在一个小镇的汽车站候车室里，有一个男青年把痰吐在洁白的墙上，车站管理员对他说："先生，你这样做很不文明，不准随地吐痰的告示你应该看到了吧。"

"看到了，我吐在墙上，又不是吐在地上。"

"如果依你这种说法，那么我有痰就可以吐到你的衣服上了，因为衣服也不是地上。"

男青年哑口无言。车站管理员所用的方法就是模拟法，模拟对方的逻辑，矛以攻之。

第四，借题发挥，巧妙反击。

在辩论场上，各种各样意想不到的情况变化，常常令人难以捉摸。如能及时抓住其中有利于证明自己观点的某句话、某个观点、某种情况，进行巧妙反击就可轻松获胜。

1. 肯定式反诘

肯定式反诘就是不直接，而以反问的形式先假定肯定对方的观点，然后加以反诘，从而有力地证明自己的观点，这种反击通常比直截了当地说出自己的观点更有力量。

2. 否定式反诘

否定式反诘就是用反问的形式，否定对方的观点。这样既增强了自己的语势，更使辩论语言不显得过分呆板。

第五，避其锋芒，灵活应变。

辩论不但要有攻，也要有防。有攻有防，攻防结合，才能克敌制胜。只攻不防，看似英勇，实质并非善战；疏于防守，弄得遍体鳞伤，又怎能养精蓄锐、战胜论敌呢？

怎样避其锋芒，灵活应变？

（1）借尸还魂

辩论之中常常有不必正面反驳，或是不便于进行正面反驳的情景出现，这时要善于“借尸还魂”，抓住对方的话头巧妙地暴露对方的错误，正所谓“不战而屈人之兵”。

一次，俄罗斯著名马戏丑角演员杜罗夫在演后休息时，一个傲慢的观众走到他跟前，讽刺他："丑角先生，观众对你非常欢迎吧？""还好。""作为马戏班中的丑角，是不是一生下来就要有一张愚蠢而又丑陋的脸，才会受到观众的欢迎呢？""确实如此。"杜罗夫悠闲地回答，"如果我能生一张像先生你那样的脸的话，我准能拿双薪！"

这位不识趣的挑事者读懂了杜罗夫先生的意思："如果我仅仅是由于生有一张愚蠢而丑陋的脸才受到观众的欢迎的话，那么你的加倍愚蠢和丑陋的脸，肯定就可以拿双倍工资了。"

（2）釜底抽薪

釜底抽薪是指，指出支持论点的论据的破绽，驳倒论据，达到驳倒对方论点的目的。

5. 每天都训练一下逻辑思维

牢固树立逻辑思维，是提高生活能力的前提。树立逻辑思维，养成运用逻辑思维的习惯，首先应掌握逻辑思维的主要内涵。

逻辑思维是指遵循逻辑理念，运用逻辑规范、逻辑原则、逻辑精神，对事物进行分析、综合、判断、推理，并形成结论、决定的思想认识活动和过程。作为一种基于逻辑的固有特性和对逻辑的信念来认识事物、判断是非、做出决策的思维方式，逻辑思维具有特定的内涵，主要包含以下几方面内容。

规则思维。这是由逻辑的特质所决定的。逻辑是明确的、稳定的、可预测的行为规则。作为一种依照逻辑进行思考的思维方式，逻辑思维带有规范性特征，具体体现为受各种具体逻辑规定与逻辑原则的约束和指引。一个具有逻辑思维的人，必然敬畏逻辑、崇尚思维，以既定的逻辑规则作为观察、思考和判断的依据，把严格按照逻辑的价值以及逻辑的规定作为说话、办事的底线。

良好的逻辑思维的自主性在我们处于逻辑思维基本结构创建和丰富生活过程的阶段具备如下的能力：

1. 会更多和更丰富地采集、收集、储存以及交换信息。

2. 会更主动地形成逻辑思维的延伸和复合性逻辑思维的完整性。

3. 在未来社会生存信息环境中能够更加主动地编织目的性逻辑思维。

4. 能主动积极地为目的性逻辑思维目的的实现而进行信息的交换。

如要成功，除了自身要不断努力之外，还要修炼自己的意志力和决断力，修炼自己的逻辑思维，训练自己的逻辑分析能力和判断能力，把自己的精神属性练到最强，这样在面临各种意想不到的考验时不会慌了神、乱了手脚，最终被各种危机考验吞噬。

古代书生寒窗苦读十载，需要一层层地经过乡试、省试等考核，才能被皇上选中有资格参加殿试。全国的精英都在这里，这样的场面能允许谁怯场吗？大军戍边百日无战事，一旦敌兵突然袭击，三军待命时刻，哪个主帅敢慌乱无措、举棋不定？商场如战场，每一个瞬间的走神都可能会给对手可乘之机，一旦被对手逼到绝境，最高决策者如果还拿不定主意，那么，等待他的只有破产关门一条路可走。

曾经有一家社会研究机构做过相关调查，在面临人生大抉择时，许多人都会因为各种各样的原因败下阵来，最终成为一个心头永远的遗憾。在分析了 2500 名于大考验中失败的男女报告显示，慌乱、迟疑不决、害怕、缺乏决断、分析预判错误等是最为主要的原因。

慌乱、迟疑不决、害怕、缺乏决断、分析预判错误等，这些原因其实反映的是失败者自身面对危机和挑战时，精神属性没有足够的应战能力，逻辑思维在最需要的关头被糟糕的情绪、混乱的环境、软弱的性格排斥在外，所以，最后很多人失败了。假如有人能够冷静下来，想起还有逻辑思维这位严谨、睿智的朋友，或许就不会慌乱不已，以失败告终了。

养成逻辑思维的好习惯，是我们通往成功之路的前因。在逻辑思维的指引下，头脑会做出最有利的抉择、最简洁的行动、最合时宜的语言，等等。逻辑性的思维是一种智慧的体现，也是成功者必不可少的头脑风暴。